普通高等教育"十四五"规划教材

植物学实验技术

（第四版）

王建书　韩改英　主编

中国农业科学技术出版社

图书在版编目(CIP)数据

植物学实验技术 / 王建书，韩改英主编. -- 4 版. -- 北京：中国农业科学技术出版社，2025.6. -- ISBN 978-7-5116-7440-1

Ⅰ.Q94-33

中国国家版本馆 CIP 数据核字第 20254YQ371 号

责任编辑	于建慧　崔改泵
责任校对	李向荣
责任印制	姜义伟　王思文

出　版　者	中国农业科学技术出版社
	北京市中关村南大街 12 号　邮编：100081
电　　　话	（010）82109708（编辑室）　（010）82106624（发行部）
	（010）82109709（读者服务部）
网　　　址	https://castp.caas.cn
经　销　者	各地新华书店
印　刷　者	北京科信印刷有限公司
开　　　本	170mm×240mm　1/16
印　　　张	6.25
字　　　数	120 千字
版　　　次	2025 年 6 月第 4 版　2025 年 6 月第 1 次印刷
定　　　价	18.00 元

版权所有·翻印必究

第四版编写人员

主　　编　　王建书　韩改英

副 主 编　　卢彦琦　乔永明　秦永梅

编写人员　　王建书　河北工程大学
　　　　　　韩改英　河北工程大学
　　　　　　乔永明　河北北方学院
　　　　　　卢彦琦　河北工程大学
　　　　　　晏春耕　湖南农业大学
　　　　　　秦永梅　山东农业工程学院
　　　　　　陈明叶　河北民族师范学院
　　　　　　段　曦　山东农业工程学院
　　　　　　胡根海　河南科技学院
　　　　　　简在友　河南科技学院
　　　　　　李玉青　河南科技学院
　　　　　　刘　敏　山东农业工程学院
　　　　　　庞建光　河北工程大学
　　　　　　荣冬青　河北北方学院
　　　　　　田华英　山东农业工程学院
　　　　　　王鸿升　河南科技学院

第四版再版前言

《植物学实验技术》由中国农业科学技术出版社作为优秀教材资助出版，2008年出版后，多所高校作为实验指导教材使用，深得好评；2023年与《植物学》（第四版）配套修订再版。本次修订分工如下：王建书负责第一章、实验一；秦永梅负责实验二；刘敏负责实验三；卢彦琦负责实验四、实验十二；简在友负责实验五；王鸿升负责实验六；李玉青负责实验七；段曦负责实验八；胡根海负责实验九；陈明叶负责实验十；秦永梅负责实验十一；荣冬青负责实验十三；田华英负责实验十四；乔永明负责实验十五；庞建光负责实验十六；晏春耕负责实验十七；韩改英负责第三章。全书由王建书、韩改英统稿。

目 录

第一章 植物实验技术基础 ……………………………………………… (1)
 第一节 植物实验基本技术 …………………………………………… (1)
 第二节 植物实验室常用试剂的配制 ………………………………… (7)
 第三节 实验室管理规则 ……………………………………………… (13)

第二章 植物学实验 ……………………………………………………… (14)
 实验一 显微镜的使用及种子结构与幼苗类型 …………………… (14)
 实验二 植物细胞的基本结构 ……………………………………… (19)
 实验三 植物组织 …………………………………………………… (22)
 实验四 根的形态与结构 …………………………………………… (27)
 实验五 茎的形态与结构 …………………………………………… (29)
 实验六 叶的形态结构及营养器官的变态 ………………………… (33)
 实验七 生殖器官（一）——花的组成和花药的结构 …………… (36)
 实验八 生殖器官（二）——子房结构、胚的发育及果实的类型 ……… (38)
 实验九 低等植物 …………………………………………………… (40)
 实验十 高等植物 …………………………………………………… (45)
 实验十一 被子植物分科（一）——木兰亚纲（木兰科、毛茛科）… (49)
 实验十二 被子植物分科（二）——金缕梅亚纲（桑科、山毛榉科、
     胡桃科）………………………………………………… (50)
 实验十三 被子植物分科（三）——石竹亚纲（石竹科、苋科、藜
     科、蓼科）……………………………………………… (52)
 实验十四 被子植物分科（四）——五桠果亚纲（锦葵科、葫芦科、
     杨柳科、十字花科）…………………………………… (56)
 实验十五 被子植物分科（五）——蔷薇亚纲（蔷薇科、豆科、
     大戟科、芸香科、伞形科）…………………………… (59)

实验十六　被子植物分科（六）——菊亚纲（茄科、旋花科、
　　　　　　唇形科、木樨科、玄参科、桔梗科、菊科）……………（65）
　实验十七　被子植物分科（七）——单子叶植物纲（泽泻科、棕榈科、
　　　　　　天南星科、莎草科、禾本科、百合科、鸢尾科、兰科）……（71）
第三章　植物学实习 ……………………………………………………（80）
　第一节　植物检索表的编制和使用方法 ………………………………（80）
　第二节　植物标本的采集与制作 ………………………………………（82）

第一章 植物实验技术基础

第一节 植物实验基本技术

一、徒手切片和临时装片制作

（一）徒手切片

【目的】通过徒手切片训练，掌握植物一般解剖方法，为学习及研究植物内部结构打下基础。

【用具】剃刀或保安刀片、培养皿或其他代用品、胡萝卜块（或通草心）、布块、机油、草纸（擦刀纸）、毛笔、镊子、载玻片、盖玻片、显微镜。

【材料】葡萄茎（或油菜幼茎、南瓜茎、玉米茎、嫩竹茎）、松针叶（或杉叶、茶叶）。

【步骤】徒手切片可按以下步骤操作。

（1）培养皿中盛入清洁的水。

（2）打开剃刀，用草纸擦去刀上的机油（擦刀时，刀口向外，轻轻揩擦，以免割破手指）。

（3）将待切的材料修整至 3 cm 左右，以左手夹持，如材料很薄或很细，不便直接夹持，可将胡萝卜块（或通草心）从中部纵切一条刀缝，然后将材料夹于其中。夹持物及材料切面需先削平，以便切片整齐，厚薄均匀。

（4）切片时，刀面滴少许水，带水切材料，材料比食指略高，刀平放于左手指上由左而右，或由右而左切动。切片时要用臂力，不用腕力，否则很难切平切薄，同时一片切完时刀不离开食指，否则厚薄也会不均匀。

（5）每切下数片，即用左手的小指尖轻轻从刀上抹下，放在培养皿水中，当水中有一定数量的切片材料时，即停止切片。剃刀用后，应立即擦干水并关上，切片结束，需在刀口涂上机油，以免生锈或碰损刀口。

（6）从切好的材料中，用毛笔挑选出完整、面正且较薄的切片 1~2 片，进行临时装片，放置显微镜下观察。

（二）临时装片法

将新鲜材料整体或切成薄片放在载玻片的水滴中覆盖玻片的方法，称临时装片法。其优点在于：新鲜材料的结构不会破坏，能保持原来生活状态；操作简便易掌握；不受设备条件的限制。

【目的】通过临时装片法训练，迅速掌握观察植物体组织结构的方法和技能。

【用具】盖玻片（常用 18 mm×18 mm、22 mm×22 mm 的方形载玻片或半径 18 mm 的圆形盖片），载玻片（一般为 76 mm×26 mm，厚度应在 2 mm 以内；光学显微镜、相差显微镜用载片厚度应在 1 mm 左右），镊子（以不锈钢为好），盛清水的滴瓶，纱布。

【材料】洋葱鳞片内表皮、藓叶片或其他材料。

【步骤】先用清洁布块将载玻片及盖玻片擦干净。擦盖玻片时，两面用力均匀而轻，载玻片也须两面擦干净后才可使用。装片方法按以下步骤进行。

(1) 用吸管滴 1 滴水于载玻片中央。

(2) 撕取小块洋葱鳞片内表皮置水滴中。

(3) 用镊子夹住盖玻片的侧端，先以盖玻片的另一侧接触水滴，然后慢慢放下，将材料覆盖。如覆盖动作过快，会在水中留下气泡，可用镊子尖端轻压盖玻片，赶出气泡；如水过多，可用吸水纸吸去多余水分。

二、压片与涂片

（一）根尖细胞压片法

【材料】将蚕豆浸种发芽，待胚根长到 0.5~1.5 cm，宜于 13 时或 23 时左右的细胞分裂高峰期切下根尖，投入卡诺氏固定液中固定 15~60 min，然后移至 70%酒精内保存。

【观察方法与步骤】

(1) 取固定保存的根尖放入盐酸酒精解离液（配法见第二节）中 5~8 min，或置 1 mol/L 盐酸中于 60℃条件下解离 6~8 min，至材料透明时为止。

(2) 用清水将解离液冲洗干净。

(3) 取洗净的根尖，切取根尖生长点部分放在玻片上，用醋酸洋红染液（或醋酸苏木精染液）整染 5~10 min（为加速染色过程可将玻片背面放在酒精灯上微热，但不使染液沸腾），然后取出根尖置于另一清洁载玻片上，用染液装片覆以盖片，以铅笔头轻轻敲击，使材料呈现分散成均匀薄层进行镜检。观察细胞是否散开，从视野中找出分裂相清楚的染色体，若此时着色仍不深，可在酒精灯上重复烘烤，直至染色体着色深浅合适为止。

若压片需长期保存，可按以下步骤封片。

①将临时压片放在45%醋酸中使盖片脱落→②冰醋酸+无水酒精（1∶1）→③无水酒精（两次）→④无水酒精+二甲苯（1∶1）→⑤二甲苯（两次）→⑥加拿大树胶封藏。

［注］溶液①、②内浸泡 1 min 左右。④以后各项处理动作要快，约 0.5 min，以免暴露空气时间过长影响脱水和透明。

（二）花粉母细胞压片法

（1）取样、固定及样品的保存　每日 8—10 时，选择适宜大小的花蕾，采回后用显微镜检查认为适合，可将花药取出（如花很小，则不取出花药），然后投入卡诺氏固定液中 1~12 h，然后换入 70% 酒精中储存，如要储存较长时间，可换 70% 酒精 1~2 次。如随采随看，则不需要固定。

（2）染色　取出已经固定的花药放在载玻片上，加 1 滴染液（醋酸洋红或醋酸苏木精）于花药上，用弯头形解剖针将花药切断，轻轻挤压，使花粉母细胞溢出，拣去花药残渣，加上盖玻片，在盖玻片上放一块双层滤纸，隔纸用大拇指轻轻加压，然后将玻片在酒精灯上来回移动着微烤几次，注意勿使染液沸腾或干涸，也可先烤后压，或反复再烤，压烤后发现部分染液干掉，可在盖玻片边缘补充 1 小滴染液，再进行镜检，至染色体清晰着色为止。

制作良好的压片应使染色体按原位置充分散开，并充分着色，细胞质则几乎无色或只显浅色。

（3）临时保存　将回形针拉直一半，蘸熔解石蜡封固盖玻片四周，或用加有 10% 甘油的染液压片，此法可保存数星期。

［注］染色液配法见第二节。

（三）根瘤菌涂片法

（1）滴 1 滴蒸馏水于载玻片上，取 1 根瘤置水滴内，用镊子夹破根瘤，挤压出液汁，再丢弃残渣。

（2）另取 1 块载玻片，以边缘紧贴含有菌液的玻片，由一端向另一端平刮，使菌液均匀涂成薄层。

（3）在酒精灯上来回移动烘干菌液。

（4）用玻璃棒滴 1 滴龙胆紫于载玻片上，并将玻棒横置载玻片上轻轻涂抹，平放染色 2~5 min。

（5）水洗去浮色。酒精灯火焰上烘干水分。

（6）镜检，可见根瘤菌呈杆形或"Y"形。

酵母菌、细菌材料均可用此法涂片。

三、永久性玻片制作方法

（一）暂时封藏法——甘油法

暂时封藏标本，主要用于不需要长期保存的薄小材料，可在短期内进行观察研究，这是植物教学和科研工作常采用的方法，步骤如下。

（1）杀死与固定　视材料大小、性质选用固定液并确定固定时间，如 4%福尔马林固定液、纳瓦兴固定液（Navashin's Fluid）、FAA 固定液、卡诺氏固定液（Carnoy's Flued）（配法见第二节）。

（2）用蒸馏水冲洗。

（3）将材料放 10%甘油水溶液中临时装片观察。

［注］若延长保存时间，可用甘油胶（配法见第二节）封藏。

（二）永久封藏法

【目的】学会制作永存切片方法，为今后工作研究中制作植物组织解剖材料打下基础。

【用具】显微镜、培养皿、表面皿、载玻片、盖玻片、剃刀（或保安刀片）、布块。

【试剂】蒸馏水，各级酒精（50%、75%、80%、95%酒精、无水酒精），1/2 无水酒精+1/2 二甲苯，纯二甲苯，加拿大树胶，番红水溶液，固绿酒精溶液。

【步骤】

（1）选材　选取无虫害、生长正常的幼茎（山茶幼茎、葡萄茎或玉米、南瓜茎），用锋利刀片横切长约 3 cm 小段。

（2）固定　将选好的材料投入 FAA 固定液（配法见第二节）固定 24 h。

（3）切片　按徒手切片法进行切片，选取好的切片数片，放在装有蒸馏水的表面皿中。

（4）染色　取一切片置载玻片中央，加上 1 滴番红水溶液染色 0.5~1 min，倒掉染液（废液均盛于培养皿中），再用蒸馏水洗去染液。

（5）脱水　依次滴少许 50%酒精→75%酒精→80%酒精→95%酒精，各脱水 0.5~1 min。

（6）复染　倾去 95%酒精，加 1 滴固绿酒精液 2~3 s（此时速度要快，否则绿色太深，红色不显），再以 95%酒精洗去染液。

（7）脱水透明　倾去 95%酒精，依次用纯酒精（无水酒精）→1/2 纯酒精+1/2 二甲苯→二甲苯各浸泡数秒，此时材料应完全透明，如呈乳状混浊，则脱水不净，应再用纯酒精脱水后按原来步骤透明，透明后，置显微镜下检查，如不用二甲苯而改用正丁醇，效果更好。

(8) 封盖　如切片符合要求，不等二甲苯挥发即滴1滴加拿大树胶于材料上（滴胶的量要刚好铺满盖玻片，不能过多、过少），轻轻盖上盖玻片，然后在盖玻片的一侧贴上标签，平放盘中并加盖以防灰尘，待干后方可使用。

上述过程列表如下（图1-1）。

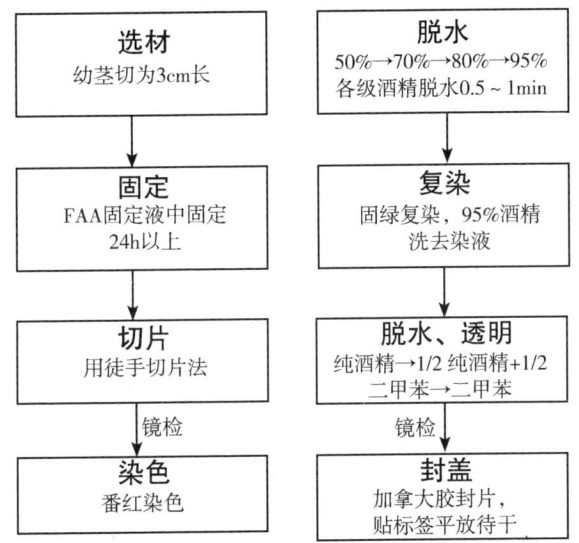

图1-1　永久封藏法制作永久性玻片流程

四、木材细胞离析法

此方法适用于木材、纤维、石细胞等，步骤如下。
(1) 将材料切成火柴梗粗细的小条块，置于试管中。
(2) 加浓硝酸浸没材料，再加1小粒氯酸钾。
(3) 加热，直至发生气泡、材料变白为止（经4~5 min）。
[注] 加热时可在消毒厨内或室外进行，以免中毒和损伤皮肤。
(4) 倒去分离液用清水洗4~5次，然后置于离心管中，将材料沉淀，倒去上层清液。
(5) 挑选少量浸离的材料进行镜检。

五、石蜡切片制作

石蜡切片有整体染色制片和双重染色（滴染）制片等不同方式。
1. 整体染色制片步骤
①材料固定→②水冲洗干净→③整染→④脱水→⑤透明→⑥浸蜡及包埋→

⑦切片→⑧粘片（包括烤片）→⑨溶蜡→⑩封胶。

[注] 先后顺序不能颠倒。

2. 双重染色（滴染）制片步骤

①材料固定→②脱水→③透明→④浸蜡及包埋→⑤切片→⑥粘片→⑦溶蜡→⑧染色脱水透明（95%酒精→蒸馏水冲洗→番红→95%酒精→固绿→100%酒精→100%酒精+二甲苯→二甲苯）→⑨加拿大树胶封藏。

六、花粉的人工萌发

（一）培养基的配制与观察方法

（1）称取 0.5 g 琼脂（又称洋菜），置于烧杯中，放入 50 mL 蒸馏水，加热煮沸，然后加入 2.5 g 蔗糖使之溶解，趁热以玻棒蘸培养基液滴于载玻片中央，待其冷却后即成为培养基。

（2）以小毛笔刷散花粉于培养基上，此时用显微镜检查花粉数量是否足够，以及分布是否均匀（因为有的植物花粉萌发有十分明显的"群体效应"，数量太少稀疏则难萌发），然后用玻璃铅笔在玻片上注明花粉的植物名称及本人座号，再放于培养皿内的湿纱布上，皿口覆盖湿纱布及培养皿盖。

（3）下课之前观察花粉粒萌发成花粉管的情况。

[注] 蔗糖浓度可以配成 5%、10%、15%、20% 等 4 种不同浓度；已发芽的花粉粒，可加 1 滴乳酸酚—棉蓝液染花粉管（配法见第二节）。

（二）表皮细胞及气孔的模印法

在有的植物叶表皮剥撕困难的情况下，可用此法模印出表皮细胞及气孔。常用作植物染色体倍数（如单倍体、二倍体、多倍体）鉴定，矮化育种早期鉴定的研究手段在比较解剖观察中也常采用。

【材料】茶叶、小麦叶、玉米叶、女贞叶（或棉、梨、辣椒叶）。

【方法及步骤】用火棉胶或赛璐珞丙酮溶液涂于叶背一定部位，使成均匀胶膜薄层，待胶膜干燥后，用镊子撕下小块胶膜置于载玻片上的 1 小滴水中，再将胶膜拨平，复以盖玻片，即可镜检。

[注] 也可用市售胶水代替火棉胶，操作方法同上，但须用无水酒精装片。

七、植物形态解剖图绘制法

【目的】加深植物形态解剖的概念，培养对植物形态解剖的观察能力及绘图技术，为今后学习和科研工作中描绘植物形态结构打下基础。

【用具】H 或 2H 铅笔、橡皮、削笔刀、绘图纸。

【步骤】

（1）根据需要绘图的数量和大小，在图纸上适当安排各图，并留下注字位置。

（2）用削尖的铅笔轻轻在纸上绘出图形轮廓。

（3）修饰后再绘出物象，要求物象主要以单线表示，线条光滑，粗细均匀，接头处无痕迹，内含物用圆点表示，圆点的稀密可表示物体的质地差异，注意打圆点必须将铅笔削尖，不能将圆点绘成短线或逗点。

（4）图绘好后，用橡皮轻轻擦去重叠线条及多余部分。

（5）在图右方作平行实线，指示所注明的部分，再在各指示线末端注明各部分的名称，图题应写在图的下面。

（6）如需长期保存或制锌版的图，还必须用绘图笔蘸绘图墨水在铅笔图上加墨，要求更细致。

第二节　植物实验室常用试剂的配制

植物实验室常用化学试剂规格、标记见表1-1。

表1-1　常用化学试剂规格、标记名称

等级	规格原名	规格符号	标签颜色	中名	价格比例
一级品	Guaranteed Reaeent	G. R.	绿色	保证试剂	100
二级品	Analytical Reagents	A. R.	红色	分析试剂	80
三级品	Chemical Pure	C. P.	蓝色	化学纯	70
四级品	Laboratory Reagent	L. R.	黄色	实验试剂	60

一、固定液

1. F. A. A. 固定液（又称标准固定剂、万能固定剂）

【用途】在植物形态解剖研究上用途极为广泛，对于染色体的观察效果较差。此固定液的最大优点是兼有保存剂的作用，材料可在此种固定液中较长时间存放。

【配法】酒精90 mL、冰醋酸5 mL、福尔马林5 mL，柔软材料以50%酒精配制，坚硬材料以70%酒精配制。

2. 卡尔诺氏（Carnoy's）固定液

【用途】此液作组织及细胞的固定，有极快的渗透力，一般根尖材料固定 15~20 min 即可。花药 1 h，固定后用 95%酒精冲洗直至不含冰醋酸或氯仿为止；在组织不能立即处理时，需转入 70%酒精中保存。

【配法】甲法：纯酒精 15 mL，冰醋酸 5 mL。

乙法：纯酒精 30 mL，冰醋酸 1 mL，氯仿 5 mL。

3. 纳瓦兴（Nawashin's）固定液

【用途】适合一般组织、根尖分裂、花药及细胞、胚胎学材料。No. 2 对植物胚胎学制片特别适用。No. 3 配方最常采用（表 1-2）。

【用法】固定 3~5 h 用 50%酒精冲洗，固定 24 h 以上常用与固定等时间流水冲洗；甲、乙两液必须在临使用时才等量混合使用，不可配好后贮藏。

表 1-2 纳瓦兴固定液配制

溶液	配方	纳瓦兴原式	No. 1	No. 2	No. 3	No. 4	No. 5
甲液	1%铬酸	75 mL	20 mL	20 mL	30 mL	40 mL	50 mL
	10%醋酸			10 mL	20 mL		35 mL
	冰醋酸	5 mL				30 mL	
	1%醋酸		5 mL	75 mL			
乙液	福尔马林	20 mL	5 mL	5 mL	10 mL	10 mL	15 mL
	蒸馏水			65 mL	40 mL	20 mL	

4. 弗莱明（Flemingl's）固定液

【用途】适用于细胞学，特别是染色体、纺锤体及细胞核分裂细微构造的观察。

【用法】一般材料固定 24 h，流水彻底冲洗。如需漂白，切片于染色前可经 3%过氧化氢处理去掉黑色（表 1-3）。

表 1-3 弗莱明固定液配制

溶液	配方	No. 1	No. 2
甲液	1%铬酸水溶液		25 mL
	冰醋酸	15 mL	10 mL
	蒸馏水	1 mL	55 mL
乙液	2%锇酸水溶液	4 mL	
	1%锇酸水溶液		10 mL

［注］：No. 1 为强液，No. 2 为弱液，临时用时甲、乙两液方能混合。混合液保存在黑或棕色瓶中。

5. 藻类及菌类的固定液

常用的为 Lichent 氏固定液，适于丝状藻类及一般菌类的固定。

【配法】1%铬酸水溶液 80 mL，冰醋酸 5 mL，福尔马林 15 mL。

二、脱水剂

酒精是最普通的常用脱水剂，组织材料从低浓度逐渐向高浓度移动，最后到无水酒精而使材料中水分完全脱去（表 1-4）。

表 1-4　不同浓度脱水剂酒精的配制　　　　　　　　　　单位：mL

欲配浓度	每 100 mL 已知浓度酒精应加的蒸馏水									
	95%	90%	85%	80%	75%	70%	65%	60%	55%	50%
90%	5.56									
85%	11.76	5.88								
80%	18.75	12.50	6.25							
75%	26.67	20.00	13.33	6.67						
70%	35.71	28.57	21.43	14.29	7.14					
65%	46.15	38.46	30.77	23.08	15.38	7.69				
60%	58.33	50.00	41.67	33.33	25.00	16.67	8.33			
55%	72.73	63.64	54.55	45.45	36.36	27.27	18.18	9.09		
50%	90.00	80.00	70.00	60.00	50.00	40.00	30.00	20.00	10.00	
45%	111.11	100.00	88.89	77.78	66.67	55.56	44.44	33.33	22.22	11.11
40%	137.50	125.00	112.50	100.00	87.50	75.00	62.50	50.00	37.50	25.00
35%	171.43	157.14	142.86	128.57	114.29	100.00	85.71	71.43	57.14	42.86
30%	216.67	200.00	183.33	166.67	150.00	133.33	116.67	100.00	83.33	66.67

三、透明剂

材料在除尽水分后，还需经过能与石蜡树胶相混合的溶剂来处理，这种溶剂能使材料清净透明。

1. 二甲苯（Xylene）

应用最广，作用迅速，使用时必须彻底脱尽水分，否则发生乳状混浊，为了避免材料的收缩，应逐步从纯酒精过渡到二甲苯中。

2. 氯仿（Chloroform）

比二甲苯挥发快，而渗透力较弱，对材料收缩也较小，浸渍时间应延长。能破坏染色，对已染色的切片透明不宜使用。

四、封藏剂

1. 加拿大树胶（Canada Balsam）

常用封固剂，溶于二甲苯中即成，绝对不能混入水分及酒精。

2. 甘油胶（Glycerinjelly）

【配法】取优质白明胶（Gelatin）1 g 放入 6 mL 蒸馏水中（置 40~50℃ 温箱中）待胶全部溶解后再加入 7 mL 甘油，最后加 2~3 滴碳酸，不断搅拌至完全溶解均匀，经过滤，清洁瓶内冷后为凝固冻状金黄色的无渣滓胶液，需用时取一小部分经水浴微热便可融化使用，不必将全部胶液加热，以免变质。

五、染色剂

1. 番红（Safranine）

【用途】染木化、角化、栓化细胞壁、染色体、核仁等。为碱性染料。

【配法】

（1）番红水溶液　1 g 番红溶于 100 mL 蒸馏水中。

（2）番红酒精溶液　1 g 番红溶于 100 mL 50%（或 95%）酒精中。

（3）苯胺番红酒精溶液

甲液：番红 5 g，95% 酒精 50 mL。

乙液：苯胺油 20 mL，蒸馏水 450 mL。

将甲、乙两液混合均匀过滤后使用。

2. 固绿（Fast green）

【用途】又名快速绿，为酸性染料，能将细胞质、纤维素细胞壁染成鲜艳的绿色，着色很快，故要很好地掌握染色时间。

【配法】

（1）固绿酒精溶液　固绿 1 g，95% 酒精 100 mL。

（2）苯胺固绿酒精溶液　固绿 1 g，95% 酒精 40 mL，苯胺 10 mL。

3. 醋酸洋红（Aceto carmine）

【用途】酸性染料，适用于压碎涂抹制片，使染色体染成深红色，细胞质染成浅红色。

【配法】45% 醋酸 100 mL，加入洋红 1 g，煮沸 1~2 min，并随时补充蒸馏水保持原含量，然后冷却过滤，加入 4% 铁明矾溶液 1~2 滴（不能多加，否则会发生沉淀），放入棕色瓶中备用。

4. 苏木精（Hematoxylin）

【用途】是植物组织制片中应用最广的染料，也是很强的细胞核染料，而且可以分化出不同颜色，能长久不褪色。

【配法】

（1）德氏苏木精（Delafield Hematoxylin）染色液　加硫酸铝铵至 100 mL 蒸馏水中至饱和，另溶 1 g 苏木精于 10 mL 纯酒精中，以此液缓慢滴入前液，盛于广口瓶内，束纱布于瓶口，曝于空气中约 1 周，过滤，加入 25 mL 甘油及 25 mL 甲醇，2 个月后成熟，过滤稀释液使用。

（2）醋酸苏木精染色液　将 0.5 g 苏木精加入 45% 醋酸 100 mL 中作为原液，临用时，取原液少许，用 45% 醋酸稀释 4 倍，加 45% 醋酸铁至染液由棕黄色变为蓝紫色为止，立即使用，隔日后即失效，故需随配随用。

［注］醋酸铁溶液配法：45% 醋酸中加硫酸高铁铵至饱和，储于小瓶中随时备用。

5. 龙胆紫（Gentian violet）

【用途】为细菌涂抹制片的重要染料。

【配法】1 g 龙胆紫溶于 100 mL 蒸馏水中。

6. 苏丹Ⅲ（SudanⅢ）

【用途】能将脂肪染成橙红色，常用以进行植物组织显微化学的测定。

【配法】0.5 g 苏丹Ⅲ溶于 70% 酒精 100 mL 中。

7. 碘—碘化钾（I_2-KI）（Iodine Potassium Iodide）

【用途】能将淀粉染成蓝色，蛋白质染为黄色，也是植物组织化学测定的重要试剂。

【配法】碘 1 g，碘化钾 3 g，蒸馏水 100 mL。

先将碘化钾溶于蒸馏水中，待完全溶解后再加碘，振荡溶解，将此液保存在棕色玻璃瓶内。

8. 中性红（Neutral red）溶液

【用途】用于染细胞中的液泡，可鉴定细胞的死活。

【配法】0.01 g 中性红溶于 100 mL 蒸馏水中，或 0.1 g 中性红溶于 100 mL 蒸馏水中，使用时再稀释 10 倍。

9. 棉蓝（Cotton blue）

【用途】常用以染花粉管。

【配法】配为乳酸酚—棉蓝溶液。

先将 10 mL 酚溶于 10 mL 蒸馏水中（不需加热，以防氧化）再加甘油 10 mL 及乳酸 10 mL，配成原液，染色时加水稀释至 0.1% 使用。

10. 间苯三酚（Phloroglucin）溶液

【用途】用于测定木质素。

【配法】间苯三酚 5 g，95%酒精 100 mL（注意此溶液呈黄褐色即失效）。

11. 橘红 G（Orange G）酒精溶液

【用途】酸性染料，染细胞质，常作二重或三重染色用。

【配法】橘红 G 1 g，95%酒精 100 mL。

12. 卡宝染色液（Carbol fuchsine），即苯酚—品红染色液

【用途】核染色剂，适用于植物组织压片法和涂片法，染色体着色深，保存性好，使用 2~3 年不变质。山梨醇为助渗剂，兼有稳定染色液的作用，假若没有山梨醇也能着色，但效果差。

【配法】先配成 3 种原液，再配成染色液。

（1）原液 A　碱性品红 3 g 溶于 100 mL 75%酒精中。

（2）原液 B　取原液 A 10 mL 加入 90 mL 5%苯酚水溶液中。

（3）原液 C　取原液 B 55 mL，加入 6 mL 冰醋酸和 6 mL 福尔马林（38%的甲醛）。

［注］原液 A 和原液 C 可长期保存，原液 C 限两周内使用。

（4）染色液　取 C 液 10~20 mL，加入 45%冰醋酸 80~90 mL，再加入山梨醇 1.8 g，配成 10%~20%浓度的苯酚—品红染色液，放置两周后使用，效果显著，若立即用，则着色能力差。

13. 曙红 Y（伊红，Eosin Y）酒精溶液

【用途】常与苏木精对染，能使细胞质染成浅红色，起衬染作用。

【配法】曙红 0.25 g，95%酒精 100 mL。

也常用于 95%酒精脱水时，加入少量曙红溶液，在包埋、切片、展片、镜检时便于识别材料。

14. 钌红（Ruthenium red）染液

【用途】细胞胞间层专用染料，配后不易保存，应现配现用。

【配法】钌红 5~10 g，蒸馏水 25~50 mL。

15. 苯胺蓝（Aniline blue）溶液

【用途】为酸性染料，对于纤维素细胞壁，以及非染色质的结构、鞭毛等，尤其是染丝状藻类效果好。还多用于与曙红作双重染色，对于高等植物多用于与番红作双重染色。

【配法】苯胺蓝 1 g，35%或 95%酒精 100 mL。

16. 解离液

【用途】使细胞的中层（果胶质）溶解而使细胞分开，常用于根尖涂片。

【配法】

(1) 盐酸酒精解离液　95%酒精1份，浓盐酸1份，将二者混合即成。

(2) 1 mol/L 盐酸配制法　在量瓶内取比重为1.19的盐酸（HCl）82.5 mL，加水至1 000 mL即成。

第三节　实验室管理规则

一、实验室规则

实验室规则是维护正常教学秩序和培养学生严谨学风的重要保证，师生都必须严格遵守。

(1) 学生应提前5~10 min进入实验室，做好实验前的准备工作。

(2) 按号使用显微镜和解剖镜。使用前要检查，使用后要擦拭整理，锁好箱门并将镜箱送回原处。如果发现损坏或发生故障，要及时向指导教师报告。

(3) 爱护仪器、标本及其他公共设施，节约药品和水电。损坏物品时应主动向指导教师报告并及时登记。

(4) 保持实验室安静、整洁。实验时不得随意走动和谈笑。室内禁止吸烟，不准随地吐痰和乱扔纸屑、杂物。每次实验后，各实验小组要清理实验桌面，并轮流打扫实验室。

(5) 最后离开实验室的学生要负责检查水、电、门、窗等是否关好。

二、实验课进行方式及对学生的要求

(1) 实验前预习实验课的内容、写出简单的提纲，并把个人准备好的实验必备物品带到实验室。

(2) 仔细听取教师对实验课要求，以及操作重点、难点和应注意问题的讲解。

(3) 实验时，学生应根据实验教材独立操作，仔细观察，随时做好记录。遇到问题，应积极思考，分析原因，排除障碍。对于经自己努力解决不了的问题，应请指导教师帮助。

(4) 积极开展第二课堂的教学活动。学生除了在实验室学习外，还应以校园、农场、果园或植物园等作为课堂，理论联系实际进行学习。

(5) 按时完成实验作业。要求实验报告书写整齐、清洁、简明扼要。

第二章　植物学实验

实验一　显微镜的使用及种子结构与幼苗类型

一、实验目的

了解光学显微镜的基本构造并学会正确使用。

掌握种子的结构、类型及幼苗的类型。

二、实验材料和用具

【实验材料】

（1）新鲜材料　洋葱、大豆、蚕豆、向日葵幼苗、蓖麻种子、玉米颖果、小麦颖果。

（2）永久制片　小麦或玉米颖果纵切制片。

【实验用具】 显微镜、载玻片、盖玻片、解剖针、镊子、刀片等。

三、实验内容

（一）光学显微镜的构造及使用

显微镜通常包括光学显微镜和电子显微镜两大类。光学显微镜是利用可见光（包括不可见的紫外线）作为光源观察物体；电子显微镜则利用电子射线为光源观察物体。下面介绍光学显微镜的构造和使用方法。

1. 光学显微镜的构造

显微镜包括机械装置和光学系统两大部分。光学系统利用光线造成被检物体的放大像，是显微镜的重要组成部分；光学系统依靠机械装置的支持和运用发挥其作用。

（1）显微镜的机械装置

镜座：位于显微镜基部，用以支持镜体，安装反光镜或照明光源，使显微镜放置稳固。

镜柱：镜座上面直立的短柱，连接、支持镜臂及以上部分。

镜臂：弯曲如臂，下连镜柱，上连镜筒，是取放显微镜时手握镜体的部位。

载物台：方形或圆形，为放置标本的平台，中部有通光孔，台上有标本推进器或弹性压片夹1对，可以压定标本。

镜筒：显微镜上部圆形中空的长筒，上端插入目镜，下端连接物镜转换器。

物镜转换器：连接于镜筒下端的圆盘，可以自由转动，上面有安装物镜的螺孔。

调焦手轮：位于镜臂两侧，旋转时可使载物台或镜筒上下移动，大的叫粗调焦手轮，用于低倍物镜及粗调焦时应用；小的叫微调焦手轮，可用于高倍物镜观察时使用。

（2）显微镜的光学系统

光源或反光镜：装在聚光器或光圈盘下方和镜座插孔中，电源开关在镜座的上面，并可控制光线的强弱；有的显微镜使用反光镜取得光源，反光镜为圆形双面镜，一面是平面镜，另一面是凹面镜，适于光线弱时使用。反光镜可以翻转及做各方向的转动。

聚光镜：装于载物台下方的升降架上。使用低倍物镜（如4×）时，由于视场范围大，照明光源不能充满整个视场，这时可下降聚光镜。

虹彩光圈：装于聚光镜内，拨动操纵杆，可调节通光量和照明面积。

物镜：安装于镜筒下端的物镜转换器上。外侧刻有放大倍率，短的是低倍物镜，如4×、10×等；长的是高倍物镜，如40×、100×等。放大率为100×的是油镜，使用时物镜与盖玻片之间要用香柏油（或甘油、石蜡油）作为介质。

目镜：装于镜筒上端，放大率为10×、16×等。目镜内常装有指针，可用以指示所要观察的部位。

2. 显微镜的使用步骤

（1）取镜与放置　检查显微镜是否完好。一般应将显微镜放在胸前左侧，镜座与桌边相距5~6 cm处，不用时将显微镜放在桌子中央。移动时应右手握住镜臂、左手平托镜座，保持镜体直立，不可歪斜。禁止用单手提着显微镜走动，以防目镜从镜筒中滑出或反光镜掉落。放在桌上时，动作要轻。

（2）调光　先把聚光镜的虹彩光圈开到最大，再把低倍镜（10×）转向中央对准载物台通光孔位置，然后用左眼（右眼勿闭）由目镜向下观察。打开电源开关或手动反光镜使其对向光源，光线射入镜筒。在镜内可看到1个圆形明亮区域，叫做"视场"。调节光源，使视场中光线均匀、明亮、不刺眼。

（3）观察

低倍镜观察：将小麦或玉米颖果纵切制片置于载物台上，放入标本推进尺中夹好（或压片夹压住载玻片的两端），将所要观察的材料移到载物台通光孔的中央。然后从侧面注视显微镜，转动粗调焦手轮，缩短物镜与制片之间的距离，当物镜接近制片 5~6 mm 时，用左眼由目镜向下观察，同时慢慢转动粗调焦手轮，缓慢加大物镜与制片之间的距离，使载物台下降或镜筒上升，直至物像清晰为止。此时若光线太强，可调节电源开关或虹彩光圈，使光线变暗。物像看清后，注意观察，移动制片时，物像的移动方向与之相反。

高倍镜的观察：使用高倍镜观察细微结构时，首先在低倍镜下把所要观察的部分移到视场的中心，然后转动高倍镜使其对准通光孔即可观察，如不清晰则用微调焦手轮调节。注意此时高倍镜离盖玻片距离很近，操作时要十分仔细，以免镜头碰挤盖玻片。

显微镜的总放大率是用目镜与物镜放大率的乘积来表示。如用 10× 目镜与 40× 物镜相配合，则物体放大 400 倍（40×10）。

（4）换制片　一张制片观察完毕，换另一张制片时，先旋转物镜转换器，将物镜移开通光孔，取下观察过的制片，换上要观察的制片，然后将低倍镜旋转至通光孔进行观察，需要时换高倍镜观察。

（5）收镜　显微镜使用完毕，旋转物镜转换器，使两个物镜中央对准通光孔，下降载物台或镜筒到适当位置，取下制片，用镜罩罩好或将显微镜放回箱中锁好，并在登记本上填写显微镜使用情况。

3. 显微镜使用的注意事项

（1）载物台或镜筒的升降使用粗调焦手轮，微调焦手轮一般用于高倍镜调节清晰度时使用，以旋转半圈为度，不宜只向一个方向旋转，以免磨损失灵。

（2）使用高倍镜观察时，须在低倍镜观察清楚的基础上，再转换高倍镜。此时，只能缓慢转动微调焦手轮，勿使物镜前透镜接触盖玻片，以免磨损、污染高倍镜头。

（3）换制片时，要先将高倍镜移开通光孔，然后取下或装上制片，严禁使用高倍镜时取下或装上制片，以免污染磨损物镜。

（4）观察临时制片时标本要加盖盖玻片，并用吸水纸吸去盖玻片周围和载玻片上的液体，再进行观察。

（5）机械装置上的灰尘，应随时用纱布擦拭。使用目镜、物镜、聚光镜、光源镜或反光镜时，必须用擦镜纸擦拭，严禁用手指接触透镜。油污可用擦镜纸沾取乙醚—酒精混合液或二甲苯擦净，再用干擦镜纸擦拭。

（6）使用时不可随意拆卸显微镜的任何部分，如遇故障，必须报告指导教师解决。

4. 显微镜的主要技术参数

正确运用光学显微镜的参数，可使显微镜处于最佳工作状态。物镜、目镜和聚光器都有各自的技术参数，例如与物镜和聚光器有关的有数值孔径，与物镜和目镜有关的有放大率，涉及物镜的主要有分辨率、焦深（景深）和覆盖差。

(1) 数值孔径　刻在物镜管套外侧，是判断物镜能力的依据。物镜由数块透镜组成，靠被检物最近的一块叫前透镜。对焦后，前透镜与被检物间的距离称自由工作距离。数值孔径（N.A）是物镜前透镜与被检物间介质的折射率（η）与镜口角（μ）半径正弦的乘积。

$$N.A = \eta \cdot \sin\mu/2 \qquad (2-1)$$

镜口角 $0° < \mu < 180°$。物镜一般分为干燥系、水浸系和油浸系3类，其介质及折射率分别为：空气1.00、水1.33、油1.52。从公式（2-1）可以看出，低倍镜 N.A < 高倍镜 N.A < 油镜 N.A，因为低倍镜自由工作距离长，镜口角小，介质是空气，所以 N.A 值小于1；油镜则相反。

聚光器的数值孔径（有的未标出）影响物镜的有效数值孔径。当聚光器 N.A 大于物镜 N.A 时，得不到适当光线；当聚光器 N.A 小于物镜 N.A 时则降低物镜的有效 N.A。

$$物镜的有效 N.A = (物镜 N.A + 聚光器 N.A)/2 \qquad (2-2)$$

例如物镜 N.A 为 0.65，聚光器 N.A 为 0.35，物镜的有效 N.A = (0.65 + 0.35)/2 = 0.5。只有当两者 N.A 相等时才能发挥物镜应有的效力。

欲使两者 N.A 一致，需要调节。方法是：首先将聚光镜置于最高位（使用标准载玻片，此时焦点正处载玻片上表面），开大虹彩光圈，对焦。然后拿去目镜，通过镜筒观察视野，逐渐缩小虹彩光圈使其边缘与视野边缘重合即表明物镜与聚光器的 N.A 基本一致。

(2) 放大率　目镜与物镜配合使用，存在有效和无效两种放大率。显微镜的有效放大率在物镜 N.A 的 500~1 000 倍，此范围以外为无效放大率。例如使用40倍的物镜，从其管套外侧可知 N.A = 0.65，应选用多大倍数的目镜配合使用呢？首先看显微镜的有效放大率在 500×0.65 至 1 000×0.65，即 325~650，若用5倍目镜则总放大率 = 40×5 = 200，200 在有效放大率范围之外，属无效放大率。故可选用10倍目镜配合使用。

(3) 分辨率　分辨率（δ）是指物镜分辨两点间最小距离的能力。

$$\delta = 0.61\lambda/N.A \qquad (2-3)$$

式中，λ 表示光的波长，N.A 为数值孔径。

从公式（2-3）可知，提高分辨率即降低 δ 的值有两条途径：一是用短波光作光源。光的波长越短，δ 的值越小，分辨率越高。例如加蓝色滤光片可得到蓝紫光，波长在 400~500 nm；二是选用 N.A 值大的物镜。N.A 值越大，δ 值越小，分辨率越高。一般光学显微镜分辨率为 0.20 μm。

（4）焦深（景深） 对焦后，垂直移动物镜，点相都清晰，这个清晰范围称焦深。相应地，物镜不动，垂直移动被检物，视野中的相也是清楚的，这个移动范围称场深。焦深与场深数值相等。

$$场深(D) = 240 \cdot \eta / 总放大率 \cdot N.A \qquad (2-4)$$

镜检及显微照相都希望得到较大焦深（景深）。根据公式可知增大焦深的途径有 3 条：一是使用折射率（η）大的介质；二是选用数值孔径小的物镜；三是控制总放大率，使其在有效放大率范围之内。

（5）覆盖差 由于盖片厚度不标准引起的相差和色差，因为玻璃与空气的折射率不同，被检物上盖盖片时则产生覆盖差。为了消除它，厂家在制造物镜时以标准盖片 0.17 mm 厚作为标准进行设计和制造。

物镜管套外侧刻有 160/0.17、160/0 或 160/NC、160/-。160/0.17 表示显微镜的标准镜筒长度为 160 mm，使用 0.17 mm 的盖片；"0 或 NC"表示不用加盖片；"-"表示用不用盖片均可。

使用时为了避免覆盖差存在，可采取下列方法：①使用标准盖片或依照物镜上的说明使用。②盖片不标准，可调整镜筒长度。但这是消极办法。③若有条件可使用带有校正环的物镜，根据校正环上的刻度调整。④使用油浸系物镜，油的折射率（香柏油为 1.52）与玻璃的折射率（1.48）非常接近，产生的覆盖差甚小，可忽略不计。

（二）种子的形态与结构

1. 大豆种子

观察浸泡过的大豆种子，外面黄色革质部分为种皮。在种子腰部凹陷部分可看到种脐。种脐的一端有 1 小孔，为种孔，其位置与种皮内的胚根尖端相对（挤压种子，可见有水自种孔逸出）。剥去种皮，露出的是种子的胚。大豆种子的胚由胚芽、胚轴、胚根和子叶组成，两片肥大的"豆瓣"即子叶，属于双子叶无胚乳类型的种子。

2. 蓖麻种子

对照大豆种子观察蓖麻种子的外形和内部结构。

3. 玉米颖果

玉米的"种子"实为颖果，取浸泡 2~3 d 的玉米颖果观察，其外面的革质膜由果皮和种皮愈合形成。透过革质膜可以看见在颖果的一面具有乳白色的胚，其中间纵向的稍隆起部分为胚根、胚轴和胚芽。用刀片沿中部纵切将颖果切成两半，在切面上观察胚的结构。子叶只有 1 片，紧贴于胚乳，胚芽外有胚芽鞘，胚根外有胚根鞘。胚芽、胚根之间相连的部分为胚轴。

4. 小麦颖果纵切制片

重点观察小麦胚的结构。

(三) 幼苗的类型

(1) 子叶出土幼苗　观察大豆、棉花幼苗。

(2) 子叶留土幼苗　观察豌豆、玉米幼苗。

四、实验报告作业

总结显微镜的使用方法和注意事项。

总结种子的基本结构、类型和幼苗的类型。

五、思考题

如何正确运用光学显微镜的参数，使显微镜处于最佳工作状态？

实验二　植物细胞的基本结构

一、实验目的和要求

掌握光学显微镜下植物细胞的基本结构。

了解植物细胞内含物的形态结构、存在部位及鉴定方法。

掌握植物细胞有丝分裂的特点及顶端分生组织的细胞特点和功能。

掌握徒手切片的基本制作步骤及临时制片的制作方法。

二、实验材料和用具

【实验材料】

(1) 新鲜材料　洋葱鳞茎、紫鸭趾草叶（花）、红辣椒果实、胡萝卜根、番茄红色果实、马铃薯块茎、蓖麻种子、花生种子、小麦颖果、葱（蒜）半干的鳞叶。

(2) 永久制片　松茎管胞离析制片、柿胚乳细胞制片、松茎三切面制片、夹竹桃叶片横切制片、小麦颖果纵切制片、植物根尖纵切制片。

【实验用具和试剂】　显微镜、镊子、剪刀、载玻片、盖玻片、吸水纸、刀片、碘—碘化钾水溶液、苏丹Ⅲ溶液等。

三、实验内容与方法

（一）植物细胞的基本结构

采用临时制片法观察洋葱鳞叶表皮细胞的结构。

1. 洋葱鳞叶表皮临时制片法

取洁净的载玻片，在上面加1滴清水。然后取新鲜洋葱鳞叶，用刀片在肉质化鳞叶向外的一面，即在凸面（凹面也可以用，但常常不易见到细胞核）上横切1条裂口，自裂口的上方或下方10 mm处与表面平行插入镊子夹取表皮，当撕至裂口时，表皮即从此处断开。表皮撕下后，撕面朝下立即放入载玻片的水滴中，此时若撕下的表皮面积过大，可用剪刀剪成小块，若发生皱褶或重叠，可用镊子或解剖针将其铺平，盖上盖玻片即可观察。加盖玻片时，使盖玻片一个边接触水滴，然后轻轻放下盖玻片，防止产生很多气泡。如制片中有气泡，可用镊子轻轻敲打盖玻片，驱除气泡。

2. 临时制片观察

在低倍镜下观察，洋葱鳞叶表皮细胞排列紧密，没有细胞间隙。选择清晰部分移到视野中央，用高倍镜对表皮细胞的结构进行观察。

3. 临时制片染色并观察

观察过新鲜材料之后，对切片进行染色、观察。从显微镜上取下制片，将1~2滴 I_2-KI 溶液慢慢滴在盖玻片边缘的载玻片上，然后用吸水纸自盖玻片的另一端将盖玻片下的水分吸去，把染液引入盖玻片与载玻片之间，对材料进行染色、观察。

（二）质体

1. 白色体

白色体多存在于幼嫩细胞或贮藏组织的细胞中，有些植物叶的表皮细胞中也有白色体。它们多位于细胞核周围，圆球形，无色。观察时，首先撕取鸭趾草叶片下表皮，制成临时制片，在显微镜下观察气孔器的副卫细胞或表皮细胞中的白色体。

2. 叶绿体

观察鸭趾草叶下表皮制片，构成气孔器的保卫细胞中的绿色颗粒，即为叶绿体。有些鸭趾草叶下表皮细胞呈紫红色，这种颜色由花青素形成。

3. 有色体

常存在于花瓣或成熟的果实细胞中。

取红辣椒果皮，做徒手切片或刮取果皮制成临时制片，在低倍镜下找到薄而清晰的区域，换高倍镜观察，可看到许多橘红色的小颗粒，即为有色体。

（三）纹孔与胞间连丝

1. 纹孔

（1）观察上述洋葱鳞叶表皮制片或红辣椒果皮制片，可见两相邻细胞的细胞壁呈念珠状，相对的凹陷处即单纹孔。

（2）取松茎管胞离析制片，其细胞壁上可见具缘纹孔。

（3）取松茎三切面制片，从低倍镜到高倍镜观察径向切面，可见管胞侧壁上的具缘纹孔剖面和正面壁上的具缘纹孔呈同心圆形。

2. 胞间连丝

取柿胚乳细胞制片，观察可见细胞呈多边形，初生壁很厚，细胞腔很小，近于圆形，高倍镜下仔细观察可见到相邻两个细胞壁上有许多胞间连丝穿过。

（四）内含物

1. 淀粉粒

取马铃薯块茎，刮取糊状泥或做徒手切片，制成临时制片，在低倍镜下可看到大小不同的卵圆形或圆形颗粒，即为淀粉粒。换用高倍镜观察，可见淀粉粒的脐和轮纹。用 I_2-KI 溶液染色，淀粉粒被染成蓝紫色。

2. 蛋白质

（1）取蓖麻或花生种子，做徒手切片 制成临时制片后在显微镜下观察。可见每个细胞中都含有多数椭圆形的糊粉粒，每个糊粉粒外为无定形蛋白，中间有1~2个球晶体，以及一至多个多面形的拟晶体。用 I_2-KI 溶液染色，糊粉粒被染成黄色。

（2）取小麦颖果制片 低倍镜下观察种皮内侧胚乳的最外层是由方形细胞组成的糊粉层，其细胞中有很多小颗粒状的糊粉粒，换高倍镜下仔细观察。

3. 油滴

制作花生子叶徒手切片的临时制片，用苏丹Ⅲ溶液染色，可看到细胞中被染成橘黄色、圆形而透明的油滴。有些油滴会逸出细胞之外。

4. 晶体

（1）单晶体 割取洋葱（或蒜）小片半干鳞叶，做临时制片。在高倍镜下可看到细胞中有长方形或多边形的单晶体。

（2）针形结晶体 撕取鸭趾草叶片的下表皮，做临时制片。在低倍镜下即可见到针形的结晶体，它们常被挤压到细胞外。

（3）晶簇 观察夹竹桃叶片横切制片，在有些叶肉细胞中具有漂亮花朵似的晶簇。

（五）原生质的运动

用镊子夹取鸭趾草雄蕊花丝，制成临时制片。在低倍镜下可见花丝的表皮毛由许多椭圆形细胞连接而成。在高倍镜下可看到每个细胞中有几个液泡，中间悬着 1 个细胞核，周围是细胞质，并由一些细胞质丝与细胞周边的细胞质相连。调节微动调焦手轮，可以看到细胞质中许多小颗粒在流动。

（六）细胞的有丝分裂

取洋葱根尖纵切制片，在低倍镜下找到根尖分生区，换高倍镜观察有丝分裂过程中各个时期的形态特点。

四、实验报告（作业）

绘制洋葱表皮细胞结构图。
总结植物细胞有丝分裂各时期的特点。

五、思考题

植物主要细胞器的种类及生理功能是什么？
植物细胞有丝分裂主要发生在植物体的哪些部位？

实验三　植物组织

一、实验目的和要求

了解植物细胞分化和组织形成的过程。
重点掌握植物体中各种组织的细胞组成、形态结构特征、分布及其功能。
练习并掌握徒手切片技术。

二、实验材料和用具

【实验材料】洋葱根尖，蚕豆（或向日葵、苜蓿）茎，小麦（或玉米）幼茎，蚕豆（或番薯、天竺葵、棉花、茄子等）叶片，小麦（或玉米）叶片，夹竹桃叶片，甘薯块根（或马铃薯块茎），睡莲茎（或水稻），凤眼莲叶片，芹菜叶柄，梨果实，柑橘果皮。苹果（或椴木、茶、桑、梨）老茎横切片，南瓜茎纵切和横切片，向日葵茎横切片，向日葵和玉米等茎纵切片，松或杉木材纵切片，松针叶横切片等。

【实验用具及试剂】显微镜、载玻片、盖玻片、擦镜纸、镊子、解剖针、刀片、吸水纸、纱布、培养皿、吸管、毛笔、酒精灯、蒸馏水、1% 番红液、40% 盐酸、5% 间苯三酚酒精溶液、氯化锌—碘溶液、10% 铬酸和 10% 硝酸混合离析液、50%酒精、二甲苯等。

三、实验内容与方法

(一) 分生组织

分生组织的细胞具有旺盛的分裂机能，主要分布于植物体幼嫩的生长部位。根据在植物体中分布的位置不同，可分为顶端分生组织、侧生分生组织和居间分生组织3种类型。

1. 顶端分生组织的观察

取洋葱根尖，约2 mm，用双面刀片将根尖沿纵轴从正中切成两半，浸泡在1∶1的浓盐酸和酒精溶液中固定、离析5 min，用水冲洗10 min。然后将根尖放置在载玻片上，加1滴醋酸洋红染液染色，并用镊子将根尖细胞轻轻压散，20 min后吸去多余染液，加1滴水制成临时玻片。

低倍镜下可以看到根尖先端1个帽状的结构，由许多排列疏松的细胞组成，叫根冠。在根冠的内方，就是根尖的顶端分生组织。高倍镜下，可以观察到分生组织细胞体积较小，排列紧密，没有细胞间隙，细胞的形状几乎等径。细胞壁薄，细胞质浓厚。细胞核较大，居于中央，没有液泡或很小，其中，很多细胞正在进行分裂，分别处于不同的分裂时期。

2. 侧生分生组织（示范）

取蚕豆（或向日葵、苜蓿）茎，徒手横切，制片观察，还可用1%番红水溶液染色后观察。也可用永久制片来观察。

横切面上可以看到环状排列的维管束，在维管束的木质部与韧皮部之间，有几层扁平、砖形的细胞，整齐排列成环，其中有1层细胞是维管形成层，其内外侧是分裂产生的尚未分化的子细胞。维管形成层分裂的结果，可使茎不断加粗，因分布于器官周围和侧面，所以叫侧生分生组织。如果以根为材料，同样可看到类似的情况。

还可取刺槐或其他树种的老枝，做徒手横切片，用1%番红水溶液临时封片镜检，可观察到在茎切片的边缘也有几层扁平形的细胞，排列整齐而又紧密，是周皮。其中染成红色、细胞无内含物的死细胞，为木栓层。在木栓层内方有层颜色淡而扁平的细胞为木栓形成层，是另一种侧生分生组织。它的细胞分裂活动结果形成木栓层和栓内层，组成周皮。

3. 居间分生组织（示范）

取小麦（或玉米）幼茎，做徒手纵切，制成临时玻片观察，或取永久切片观察。在节间基部成熟组织中，有一些体积较小、排列比较紧密、具有分生能力的细胞群，这就是居间分生组织。居间分生组织中有的细胞在进行无丝分裂

(细胞内有拉长的细胞核)，也有的细胞在进行有丝分裂。

（二）保护组织

1. 表皮

（1）取蚕豆（或番薯、天竺葵、棉花、茄子等）叶片　用镊子撕取一小块下表皮，制片观察。

表皮细胞侧壁呈不规则的波浪状，彼此相互镶嵌，排列紧密，无胞间隙。细胞内不含叶绿体，细胞质和细胞核位于周围，紧贴细胞壁，中央是1个大液泡。表皮细胞间分布着许多气孔器。高倍镜下，可以看到气孔器是由两个肾形保卫细胞和气孔组成（无副卫细胞），保卫细胞中含有叶绿体，靠气孔处的细胞壁较厚。在天竺葵或茄叶上还可观察到表皮毛。

（2）取小麦或玉米等禾本科植物的叶片　撕取一小块表皮制成临时装片，镜下观察。因禾本科植物叶片的表皮不容易撕取，可用永久制片来观察。

可见表皮细胞为长形，称为长细胞；在长形细胞之间有一些较小的短细胞。表皮细胞的侧壁波形，相互紧密嵌合。气孔器呈纵列分布在表皮间，由1对哑铃形的保卫细胞和1对菱形的副卫细胞及中央的气孔组成。

2. 周皮

取苹果（或椴木、茶、桑、梨）茎横切的永久制片或马铃薯块茎制片，进行观察。

可见周皮由木栓层、木栓形成层和栓内层构成，木栓层位于茎最外面，由几层扁平砖形排列整齐而紧密的细胞组成，细胞壁被染成红褐色。其内侧有1层至几层幼嫩的小细胞，着色较浅，有明显的细胞核，即为木栓形成层。木栓形成层内侧有1层至几层体积稍大、排列疏松的薄壁细胞，即栓内层。木栓层、木栓形成层和栓内层细胞的径向壁常在同一条直线上，据此可与皮层细胞相区别。周皮上还可观察到向外突起的皮孔，有排列疏松的补充细胞存在。

（三）基本组织

1. 同化组织

取夹竹桃叶片（橡胶树或取其他绿色植物叶片）做徒手横切，制成临时切片，在显微镜下观察，可见叶片上下表皮间有大量薄壁细胞，细胞中含有丰富的叶绿体，即为同化组织。

2. 贮藏组织

取甘薯块根（马铃薯块茎，小麦、玉米种子的胚乳部分，豆类的子叶）切成小块，然后徒手切片，制成临时装片。在显微镜下观察，可见很多大型薄壁细胞，细胞内充满淀粉粒，即为贮藏组织。

3. 通气组织

取睡莲茎,徒手横切,制成临时切片(或水稻叶、凤眼兰叶的横切永久制片),镜下观察可见薄壁细胞之间有很大的间隙形成大的空腔,即为通气组织。

(四) 机械组织

1. 厚角组织

取芹菜叶柄(或南瓜茎、甘薯茎),徒手横切,加氯化锌—碘液制片观察。或取南瓜(或薄荷、苹果、椴树)茎横切永久制片观察。

先用低倍镜观察,找到厚角组织所在部位,再换高倍镜仔细观察。例如芹菜叶柄,厚角组织成束存在于表皮下,形成菱角。细胞呈多边形,其细胞壁常在邻接的角隅处增厚。由于细胞间隙小,故角隅处增厚了的细胞壁几乎连成一片,细胞内常含有叶绿体。有些植物茎中厚角组织是成片分布于接近表皮的皮层中。

2. 厚壁组织

(1) 纤维 取南瓜(或薄荷、苹果、椴树)茎横切的永久制片观察。在厚角组织内侧,有几层椭圆形的薄壁细胞,属薄壁组织,在其内方有几层染成红色的细胞,其细胞壁均匀加厚并木质化,细胞腔较小,无原生质体,是死细胞,即为纤维。

(2) 石细胞 选择梨靠近中部的果肉,挑取1个沙粒状的石细胞团置于载玻片上,用镊子柄部将石细胞团压散,加蒸馏水并盖上盖玻片观察。

可见大型薄壁细胞包围着颜色较暗的石细胞群,其细胞壁异常加厚,细胞腔很小,具有明显的纹孔。取下制片,在盖片一侧滴40%盐酸一小滴,在对侧用吸水纸吸去水分,使盐酸进入盖片内,让材料被盐酸浸透,3~5 min后,再加5%间苯三酚酒精溶液,镜下观察。可见石细胞壁中的木质素遇间苯三酚发生樱红色或紫红色反应。

(五) 输导组织

1. 导管

(1) 取向日葵(或南瓜)茎横切永久制片观察 在横切面上可见几个呈环状排列的维管束。每个维管束内侧红色的是木质部,外侧染成蓝色或绿色的为韧皮部(南瓜是双韧维管束,木质部在中间,韧皮部在木质部的两边)。木质部中可见导管,在横切面上多呈圆形或近于圆形,较木质部其他细胞大,细胞壁较厚。高倍镜下可观察其增厚的次生壁。

(2) 取南瓜(向日葵、玉米等)茎纵切制片观察 在木质部中找到被纵切的导管,可见导管分子的横壁全部或部分消失形成穿孔,并首尾相接,细胞侧壁上有环纹、螺纹、网纹、孔纹等不同花纹的木化增厚,口径大小也不同。

2. 管胞（示范）

（1）取松（或杉）木材纵切永久制片观察　在切片中可见许多纵向排列的管胞，细胞端壁偏斜，彼此上下相叠。细胞壁上有具缘纹孔。

（2）取已离析好的松（或杉）木质部，制作临时装片　镜下观察管胞的形状，增厚的细胞壁和纹孔等。

3. 筛管和伴胞

（1）取南瓜茎横切片　镜下观察，找到维管束的红色木质部两边被染成蓝色或绿色的韧皮部，可见有许多筛管，横切面呈多边形，细胞壁较薄。在筛管旁，可见较小的四边形，或三角形的薄壁细胞，即为伴胞。

（2）取南瓜茎纵切片　显微镜下观察筛管的纵切面，可见由许多长管状细胞首尾相接而成筛管，上、下两个筛管分子连接的端壁所在处稍微膨大、染色较深，水平或倾斜，即为筛板，有些还可看到筛板上的筛孔。筛管无细胞核，原生质体因制片处理的关系常收缩成束状。在筛管旁边紧贴着一至数个染色较深、细长、两端尖削的伴胞。伴胞细胞质较浓，并具有细胞核。

（六）分泌结构

1. 溶生分泌腔

取新鲜柑橘果皮一小块，通过果皮断面做徒手切片，制成临时装片，在低倍镜下观察，即可看到切面上的溶生油囊，囊内充满挥发油，在囊的周围可看到有部分破坏的细胞。

2. 裂生分泌腔

取松针叶横切永久制片，在低倍镜下观察，可见叶肉组织中有较大的腔，腔四周具有小型薄壁细胞，为分泌细胞，大的腔为树脂腔，与茎的树脂腔相互连接，合称为树脂道。

四、实验报告（作业）

绘蚕豆（或其他双子叶植物）叶表皮细胞图。
绘芹菜叶柄厚角组织横切面图，示细胞壁的加厚情况。
绘制几种典型导管分子图，示侧壁形成的不同花纹。
绘筛管及伴胞纵切放大图，示筛板、筛孔等。

五、思考题

分生组织主要分布于植物体的哪些部位？不同部位的分生组织有何不同？
列表比较各种成熟组织在细胞形态特征、功能和在植物体内的分布等方面的异同。

实验四　根的形态与结构

一、实验目的和要求

观察根的基本形态，了解根系类型。
识别根尖各区所在部位及细胞结构特点。
掌握双子叶植物和单子叶植物根的结构特点。
了解侧根的发生及根瘤的形成和意义。

二、实验材料和用具

【实验材料】 蚕豆、棉花的幼苗，小麦、玉米、蓖麻等根系标本，胡萝卜肉质直根，洋葱（或玉米）根尖的纵切永存片，水稻（或小麦）根横切永存片，蚕豆（或棉花）幼根横切永存片，毛茛根横切永存片，蚕豆侧根发生横切永存片，蚕豆（或棉花）老根横切永存片，豆科植物（如蚕豆）的根标本。

【实验用具】 光学显微镜、载玻片、盖玻片、刀片、吸水纸、尖镊子、放大镜、擦镜纸。

三、实验内容与方法

1. 根的外形观察

（1）取蚕豆或棉花幼苗　观察根的外形，注意根毛着生的部位及其下方伸长区和生长点的情况。

（2）取棉花的幼苗，小麦、玉米、蓖麻等根系标本观察。

直根系：主根发达、较粗长、向下生长，其旁分生侧根。

须根系：主根不发达，自茎的基部发生许多粗细相似的不定根。

2. 根尖的解剖构造

取洋葱或玉米根尖的纵切永存片，在低倍镜下观察下列各部分。

（1）根冠　被覆根尖端，由数层排列疏松的细胞组成。

（2）生长点　位于根尖端，为根冠所包围，此部分细胞壁薄、原生质浓、核大，分裂能力最强，可不断地分生新细胞。

（3）伸长区　在分生组织之后，细胞逐渐停止分裂作用，液胞扩张，细胞延长。

（4）根毛区　细胞已分化为各种不同的组织，表皮细胞向外突出伸长成根毛。

3. 根的初生结构

取蚕豆、棉花幼根（或毛茛根）横切永存片观察，结构如下。

（1）表皮　为根最外面的一层细胞，这层细胞都是生活的细胞，细胞排列紧密。

（2）皮层　在表皮内方均由薄壁细胞组成，共包括外皮层、皮层薄壁细胞和内皮层3部分。有些切片上可以看到内皮层细胞的径向壁和横向壁上有加厚部分，叫凯氏带。

（3）中柱　内皮层以内整个部分即是维管柱，维管柱外层细胞与内皮层相邻，这层细胞叫中柱鞘（或叫维管束鞘），中柱中心有许多被染成红色的厚壁细胞，呈辐射排列，即为根的初生木质部。辐射棱的尖角最先成熟称为原生木质部，中心部分成熟较迟，称为后生木质部。每两辐射棱之间是根的初生韧皮部，韧皮部与木质部之间有薄壁细胞，注意蚕豆根初生木质部为几原形。

4. 单子叶植物根的观察

观察禾本科植物根的构造。

取水稻或小麦老根横切永存片在低倍镜下观察，可分为表皮、皮层和中柱3部分，再用高倍镜仔细观察各部分。

（1）表皮　最外层细胞，老根的根毛已残破不全。

（2）皮层　可分为外皮层、皮层薄壁细胞和内皮层。内皮层细胞有5面增厚，正对初生木质部辐射角处的内皮层细胞为通道细胞。

（3）中柱　中柱在内皮层以内，根横切面的中轴部分，由中柱鞘、初生木质部、初生韧皮部和髓几部分组成。初生木质部一般在六原型以上，为多原型。

5. 根的次生结构

取蚕豆或棉花老根横切永存片置显微镜下观察次生结构。

（1）首先低倍镜观察，从外至内区分周皮、次生韧皮部、维管形成层和次生木质部。

（2）然后转动高倍镜详细观察。在老根中周皮由木栓层、木栓形成层、栓内层3部分组成。次生韧皮部是周皮以内、维管形成层以外的部分，由韧皮射线、韧皮纤维、韧皮薄壁细胞、筛管和伴胞组成。维管形成层是在次生韧皮部和次生木质部之间的几层薄壁细胞。次生木质部由木射线、导管和管胞、木纤维和木薄壁细胞等几部分组成。在次木质部内，初生木质部仍保留在根的中心，呈星芒状，其存在是根的次生构造和茎的次生构造相区别的主要标志之一。

6. 侧根

（1）取胡萝卜肉质直根观察其侧根发生部位。

（2）取蚕豆根纵切永存片（通过侧根的）在显微镜下观察，可看到中柱鞘的一部分细胞。因恢复了分生能力，分生新细胞，形成了侧根，侧根逐渐生长，穿过皮层，表皮向外伸出。

7. 根瘤和菌根

（1）肉眼观察豆科植物的根系标本，认识根瘤的形态。

（2）用放大镜观察竹的幼根，其根尖常变粗而不具根毛，在根尖外部常被有一层白色绒毛状的菌丝体，即为菌根。

四、实验报告（作业）

绘出洋葱（或玉米）根尖纵切结构轮廓图。

绘毛茛（或蚕豆）根的初生构造简图，并注明各部分名称。

绘棉花老根结构图（1/4 横切面）。

五、思考题

直根系和须根系在植物的固着效果、吸收水肥能力等方面有何差别？

根尖的形态结构和它的生理功能是如何相互适应的？

根毛和侧根有何不同？它们是如何形成的？

根中形成层的出现与活动对初生结构有哪些影响？

比较单子叶、双子叶植物根的构造有何异同？

根瘤是如何形成的？它们对植物体有何作用？

实验五　茎的形态与结构

一、实验目的和要求

观察芽的构造，了解和掌握芽和枝条的形态及类型。

掌握双子叶植物茎的初生构造及次生构造特点，认识年轮。

了解木材三切面的细胞结构特点。

掌握单子叶植物茎的内部构造。

二、实验材料和用具

【实验材料】

（1）新鲜材料　校园植物；三年生杨树枝条。

（2）永久制片　大叶黄杨（或丁香）叶芽纵切永存片，向日葵（或南瓜、棉花）幼茎横切永存片，薄荷茎横切永存片，小麦（或玉米）茎横切永存片，三年生椴树茎横切永存片，松茎木材三切面永存片。

【实验用具】光学显微镜、放大镜、解剖针、镊子、载玻片、盖玻片、单面刀切片。

三、实验内容与方法

1. 茎的外部形态

取三年生杨树（或其他树木）的枝条，观察其外部形态特征。

观察认识节和节间。

观察认识顶芽与腋芽。

观察认识叶痕与芽鳞痕。

2. 芽的结构与类型

摘取枝条，首先观察各类芽在枝条上着生的位置及其特点，然后用镊子将芽取下，逐层剥下或将芽纵剖为二，用放大镜观察其结构。芽可根据其生长位置、发育性质、芽鳞有无、活动能力的不同进行分类，观察校园植物的芽。

将大叶黄杨（或丁香）叶芽纵切永存片置低倍镜下观察，茎尖顶端是由原生分生组织所组成的圆锥形突起，为生长点。在其下方侧生的突起，为叶原基。其下方较大的长圆锥状突起，是叶原基进一步发育形成的幼叶。在大的幼叶叶腋内的突起，为腋芽原基，将来发育为侧枝。幼叶着生处叫节，两节之间叫节间。再仔细观察茎尖解剖构造中的组织，在原分生组织的下面，是已具初步分化的初生分生组织，从茎尖的一侧向轴心观察，可见最外面一层细胞是原表皮，其内细胞较大，为基本分生组织，占茎尖大部分。在基本分生组织中，有沿纵向排列的两束细胞，细胞的原生质较基本分生组织浓，是原形成层。

3. 茎的形态和类型

观察校园植物茎的类型：直立茎、缠绕茎、攀援茎、匍匐茎、卧茎、木质茎、草质茎。

4. 双子叶植物茎的内部构造

（1）双子叶植物茎的初生结构　取向日葵（或南瓜、棉花）幼茎的横切永存片。放在显微镜下观察，先用低倍镜观察维管束在茎中分布的情形，然后用高倍镜，从外向内将茎的各种组织观察清楚。

表皮：在茎的最外层、细胞排列整齐而紧密。

皮层：由多层细胞所组成，紧接表皮的几层细胞为厚角组织，其内有数层薄壁细胞。

维管柱包括维管束、髓射线和髓。

维管束：向日葵的维管束各束是分离的，每个维管束均为无限外韧维管束。初生木质部是内始式的，其中，导管最易识别；初生韧皮部为外始式的，韧皮部细胞较小，在初生韧皮部外方常可见纤维，束中形成层的细胞扁平，壁薄。

髓射线：在两个维管束之间的一群薄壁细胞，排列成放射状，内接髓部，外接皮层。

髓：即维管束内方，维管柱的中心部分，全为薄壁细胞所组成，较老的茎髓部中空形成髓腔。

若切取较老的茎，则由于形成层活动的结果已有次生构造即在形成层内形成次生木质部，形成层向外分裂产生次生韧皮部。同时，在髓射线中也出现了形成层，称为束间形成层，它与束内形成层连成一体成整圈。

(2) 双子叶植物茎的次生构造

双子叶植物草质茎的次生构造。取薄荷茎横切片观察，其构造特点为：表皮长期存在，表皮上有气孔，无木栓层；次生构造不发达，大部分或完全是初生构造；髓部发达，髓射线较宽。

双子叶植物木质茎的次生构造。取三年生椴树茎的横切永存片于显微镜下观察，由外向内可见其次生构造。

表皮：即最外一层细胞，并有很厚的角质层，有些地方已脱落。

周皮：在表皮以内的数层扁平的细胞，仔细观察，可以分木栓层、木栓形成层和栓内层3层。木栓层在紧接表皮以内，在老茎上即最外的数层细胞。细胞壁栓质化（没有染上颜色，故为无色透明）细胞只留有空腔，内有一些丹宁等物质被染成浅蓝色或灰黑色。木栓形成层为在木栓层的内方的1层扁平形细胞，胞内充满细胞质并有细胞核。栓内层在木栓形成层之内方，有1~2层细胞，当生活时细胞内含有叶绿体，在切片内染成蓝绿色。

皮层：在周皮以内的一些薄壁细胞即是皮层。切片内呈深蓝绿色，细胞内含有结晶体及其他贮藏物质。

韧皮部：包括一些染成绿色的筛管，伴胞和许多薄壁细胞，此外还可以看到一些成束的被染成红色的韧皮纤维细胞。在次生韧皮部中还有韧皮射线。

形成层：在韧皮部与木质部之间的一层排列整齐的扁平的细胞，被染成浅绿色。

木质部：在形成层以内，除中央的髓部以外，所有被染成红色的部分都是木质部。切片上有几个在木质部内接近髓部的一些小型导管是初生木质部的导管，初生木质部只占整个木质部的很小一部分。在初生木质部与形成层之间有次生木质部，其中有木射线，木射线和韧皮射线合称维管射线。在三年生椴树茎中可见到 3 个明显的年轮。

髓：髓在茎的中心，由一些薄壁细胞构成，髓的外围几层形小壁厚的细胞成一圈，呈五角形，为环髓带。

髓射线：一些呈放射状排列的薄壁细胞，由髓直达皮层。

维管射线：包括韧皮射线和木射线，是在维管束内的一些类似髓射线的构造，一般只有一列细胞，比髓射线要窄，为次生射线。

（3）木材的三切面　取松茎木材三切面永存片观察，在 3 个不同切面上次生木质部的各种结构（管胞、射线、具缘纹孔、树脂道、年轮等）的特征。

5. 单子叶植物茎的内部构造

取玉米或小麦茎横切永存片观察，由外向内可见其内部构造。

表皮：茎的最外层，由生活的细胞组成，在横切面上呈长方形或正方形。

基本组织：主要由薄壁细胞组成，分布在维管束之间，玉米茎靠近表皮下有几层厚壁组织连成一环，增强茎的支持作用；小麦茎机械组织中有同化组织分布，茎有髓腔，利于通气。

维管束：数目较多，在玉米茎中散生，小麦茎中排列成两轮，维管束具机械组织的维管束鞘，木质部与韧皮部之间无形成层，不能产生次生结构。

四、实验报告（作业）

绘大叶黄杨（或丁香）叶芽纵切面结构轮廓图，并注明各部分结构名称。

绘双子叶植物茎初生结构局部（包括一个维管束）轮廓图，并注明各部分结构名称。

绘玉米茎横切面简图及一个放大的维管束的细胞结构图。

绘多年生双子叶植物茎横切细胞图（1/4 或 1/2 横切面）。

五、思考题

比较被子植物中双子叶草本茎的初生结构与单子叶植物茎有何不同？

维管形成层是怎样形成的？

双子叶植物茎的次生结构和茎的初生结构相比有哪些主要特点？

如何利用射线判断木材三切面？

根和茎的初生结构中木质部和韧皮部的排列方式有何不同？它们是如何过渡的？

实验六　叶的形态结构及营养器官的变态

一、实验目的和要求

观察叶的组成部分，掌握叶的一般形态特征。
观察掌握各类植物叶的结构特点。
了解不同生态类型叶的结构特点。
认识、区别和理解根、茎、叶的变态和种类。

二、实验材料和用具

【实验材料】
（1）新鲜材料　萝卜、甘薯、玉米支柱根、吊兰、常春藤、菟丝子、生姜、马铃薯、黄精、荸荠、洋葱、百合、皂角、葡萄、竹节蓼、豌豆、仙人掌、半夏、向日葵或猪笼草。
（2）永久制片　薄荷（或棉花）叶横切永存片，小麦（或水稻、玉米）叶横切永存片，松针叶横切永存片，夹竹桃叶横切永存片，眼子菜叶横切永存片。

【实验用具】 显微镜、解剖针、镊子、载玻片、盖玻片、单面刀片和红树呼吸根照片。

三、实验内容与方法

1. 叶的形态
（1）叶的组成　分别观察双子叶植物、单子叶植物（禾本科）叶的组成。
（2）叶片的形态　观察校园植物叶的形态。
叶片的全形：针形、披针形、卵形、圆形、肾形、箭形、线形、椭圆形、心形、剑形、盾形、戟形等。
叶基的形状：楔形、耳形、钝形、圆形、抱茎、心形、偏斜、穿茎、渐狭、截形等。
叶尖的形状：圆形、钝形、截形、急尖、渐尖、芒尖、短尖、微凹、倒心形、渐狭等。
叶缘的形状：全缘、波状、锯齿状、重锯齿、芽齿、圆齿、缺刻等。
叶片的分裂：浅裂、深裂、全裂。
叶脉的类型：羽状网脉、掌状网脉、直出平行脉、羽状平行脉、辐射脉、弧形脉、二叉脉。

（3）单叶与复叶　奇数羽状复叶、偶数羽状复叶、掌状复叶、单身复叶、羽状三出复叶、掌状三出复叶、二回羽状复叶、三回羽状复叶等。

（4）叶序　互生、对生、轮生、簇生。

2. 叶的内部构造

（1）双子叶植物叶的结构　取薄荷（或棉花）叶片横切永存片置显微镜下观察，可见叶片结构。

表皮：在叶片之上下两面各有一层排列整齐、紧密、呈长方形的细胞，即为叶表皮，表皮外层还可见角质层及表皮毛等。注意上下表皮角质层厚度、气孔器数量是否有差异。

栅栏组织：在上下两层表皮之间的绿色部分称为叶肉，叶肉在上表皮之下有1层或2~3层排列比较整齐的长圆柱状细胞，即为栅栏组织。栅栏组织的细胞内有较多叶绿体。

海绵组织：叶肉中除栅栏状组织外，另有一些细胞形状不定，排列疏松，在下表皮之内方，叫海绵组织。海绵组织细胞与细胞之间有明显的细胞间隙，细胞内叶绿体较少。

叶脉：叶片中的维管束，叫叶脉。最大的叫主脉（中脉），主脉在叶的下表皮突出，在表皮层以内，有数层厚角组织细胞。因此，机械组织在叶的背面特别发达，厚角组织内有数层大型的薄壁细胞，薄壁细胞中间包围着维管束。维管束中被染成红色，排成扇形，靠上表皮的是木质部。木质部的导管排列成行十分清楚，木质部的下方有1片细胞较小的组织即韧皮部。侧脉、细脉的维管束逐步变小，简化，外围有1层较大的薄壁细胞构成的维管束鞘，属于传递组织，担负叶脉内外的物质传递。

（2）单子叶植物叶的结构　取水稻（小麦或玉米）叶的横切永存片置显微镜下观察。

上下表皮：表皮细胞排列较规则，切面近方形，细胞的外壁有加厚的角质层，上下表皮上均有气孔分布，每个气孔的内方，有1较大的细胞间隙叫做气室，在上表皮细胞之间有一些大型的细胞，呈扇形排列，这便是泡状细胞。

叶肉：叶肉组织较为均一，属于等面叶，无明显的栅状组织和海绵组织之分，除气室以外，细胞间隙很小。

叶脉：叶内维管束平行排列，每个维管束外围有1~2层细胞，称为维管束鞘。注意区别水稻、小麦和玉米维管束鞘的不同点，辨识何为 C_3 植物，何为 C_4 植物；找1大型叶脉观察，可以看到木质部中的大、小导管和韧皮部的筛管、伴胞等的横切面，在维管束的上下方均具有厚壁细胞，即机械组织。

(3) 旱生植物叶的结构　取夹竹桃叶的横切永存片于显微镜下观察。

表皮：2~3层细胞，排列紧密，具发达角质层。下表皮气孔位于下陷气孔窝里。

叶肉：栅栏组织2层细胞，有时下表皮也具有栅栏组织。海绵组织多层细胞。

叶脉：维管束为双韧维管束。

(4) 水生植物叶的结构　取眼子菜叶的横切永存片于显微镜下观察。

表皮：最外1层细胞，壁薄，无角质化。

叶肉：叶肉细胞不发达，没有栅栏组织与海绵组织的分化。细胞间隙大。具发达的气腔。

叶脉：很不发达。主脉木质部退化，韧皮部细胞外有1层厚壁细胞。

3. 营养器官的变态和类型

观察下列新鲜材料及标本，萝卜、甘薯、玉米支柱根、吊兰、常春藤、菟丝子、生姜、马铃薯、黄精、荸荠、洋葱、百合、皂角、葡萄、仙人掌、豌豆、半夏、向日葵、猪笼草、红树呼吸根照片，把合适的植物名称填入下列各项。

肉质直根：_____；块根：_____；支持根：_____；

气生根：_____；攀援根：_____；寄生根：_____；

根状茎：_____；块茎：_____；鳞茎：_____；

球茎：_____；枝刺：_____；茎卷须：_____；

叶状茎：_____；叶刺：_____；叶卷须：_____；

苞片：_____；捕虫叶：_____。

四、实验报告（作业）

绘双子叶植物叶横切面局部（包括主脉部分）细胞结构图，并注明各部分名称。

绘玉米叶横切局部（包括一个维管束）解剖结构图，并注明各部分名称。

五、思考题

双子叶植物叶与单子叶植物叶在结构上有何不同？

裸子植物叶解剖结构有哪些特点，说明了什么？

比较分析旱生植物叶和水生植物叶结构上的异同？

叶片形态是怎样与生理功能相适应的？

实验七　生殖器官（一）
——花的组成和花药的结构

一、实验目的和要求

了解花的组成部分。

掌握花药的结构和花粉粒的发育过程。

二、实验材料和用具

【实验材料】

（1）新鲜材料　桃花、白菜花、油菜花、小麦花序及小穗。

（2）永久制片　百合幼嫩花药横切制片、百合成熟花药横切制片、小麦花药横切制片。

【实验用具】显微镜、镊子、载玻片、盖玻片、刀片等。

三、实验内容与方法

（一）花的组成

1. 油菜花或白菜花的观察

自外向内观察其组成。

（1）花柄（花梗）　着生在茎上，支持花朵。

（2）花托　花柄顶端着生花萼、花冠、雄蕊群、雌蕊群的部分。

（3）花萼　为花的最外轮，萼片为_____色，共____片，萼片分离还是联合？_____。

（4）花冠　位于花萼内轮，花冠由_____片____色分离的花瓣组成，称为离瓣花。由于花瓣排列成"十"字形，故称十字形花冠。花瓣形状、大小相同，通过花的中心作任意直线，均能将花分成相等的两半，故属整齐花（辐射对称）。

（5）雄蕊群　位于花冠的内方，共_____枚，其中_____枚较短，_____枚较长，称四强雄蕊。每枚雄蕊由两部分组成，细长的部分为花丝；顶端的囊状物称为花药。在花丝的基部，还可见到4颗绿色的突起物，即为蜜腺。

（6）雌蕊群　位于花的中央，形似一瓶状物即为雌蕊。雌蕊顶端扩大部分为柱头；基部膨大部分为子房；两者之间较细部分为花柱。子房的基部着生于花托上，为子房上位。用刀片将子房做若干个横切，用放大镜或体视显微镜（解剖镜）进行观察，可见 1 假隔膜将子房分为假二室，每室可见 1 个（实为一列）胚珠着生于胎座上，为侧膜胎座，由此可推断这种雌蕊为二心皮合生的复雌蕊。

2. 桃花的观察

与白菜花、油菜花加以比较。

3. 小麦花序及小穗的观察

（二）花药的结构和花粉粒的形成和发育

1. 百合幼嫩花药的结构

取百合幼嫩花药横切制片进行观察。

（1）花药　横切面呈_____形，花药有_____对，_____个花粉囊（药室）。花粉囊之间以药隔相连。药隔主要由薄壁细胞组成，中间有 1 个周韧维管束。

（2）花药壁　构成花粉囊的壁，也称花粉囊壁，它包括表皮、药室内壁、中层、绒毡层几部分。

表皮：花药最外层细胞，角质层薄，有气孔器。

药室内壁（纤维层）：位于表皮下的一层大型细胞。

中层：药室内壁以内的几层较小的薄壁细胞。

绒毡层：花药壁最内一层细胞，细胞质浓，有时可见二核或多核的细胞。

（3）花粉囊　壁以内为药室，药室中有很多花粉母细胞。

2. 百合成熟花药的结构

观察百合成熟花药横切制片，并与幼嫩花药进行比较。

药室内壁细胞的细胞壁出现纤维状条纹加厚，因此，该层细胞又叫纤维层。

由于纤维层细胞壁的收缩，引起花粉囊壁的开裂，同一侧的 1 对花粉囊间间隔已不存在，使两个药室连成 1 个。

绒毡层及中层有何变化？_____。

药室中形成成熟花粉粒。百合的成熟花粉粒为____细胞花粉粒，外壁上有花纹。

3. 小麦花药的结构及花粉粒的发育过程

取小麦花药横切制片观察，可见小麦花药的结构和百合基本相同。在小麦粉粒发育过程中，中层消失较早，成熟花粉粒含____个细胞，包含____个营养细胞和____个精细胞，因此为____细胞花粉粒。

4. 花粉粒的形态和结构

在观察百合成熟花药制片及小麦花药制片时，可用高倍镜观察花粉囊中的花粉粒。花粉粒具有外壁和内壁，外壁上有花纹和萌发孔。用镊子夹取任一植物的花粉粒少许，做成临时制片，在显微镜下观察，注意花粉粒的形状、大小、外壁上的花纹和萌发孔等。

四、实验报告（作业）

绘百合成熟花药横切图，并注明各部分名称。

五、思考题

花由哪几部分组成？
简述花药的结构及花粉粒的发育过程。
什么叫减数分裂？它在植物体生长发育的什么阶段进行？它与有丝分裂有什么不同？

实验八　生殖器官（二）
——子房结构、胚的发育及果实的类型

一、实验目的和要求

掌握子房和胚珠的结构、胚囊的形成与发育过程及胚的发育过程。
认识各类果实以及它们的特征和区别要点。

二、实验材料和用具

【实验材料】
（1）新鲜材料　各种果实。
（2）永久制片　百合子房横切制片、荠菜幼胚制片、荠菜成熟胚制片。
【实验用具】显微镜、刀片、镊子等。

三、实验内容与方法

（一）百合子房的结构

取百合子房横切制片观察，百合的雌蕊是由三心皮连合而成的复雌蕊，在显微镜下可见：

（1）百合子房　主要由子房壁、子房室、胎座和胚珠组成，横切面上可见有_____个子房室，每室中可见到_____个胚珠（实为纵向两列）。胚珠着生处

为胎座。百合胚珠着生在中轴上，所以为_____胎座。子房壁的最外面一层细胞叫外表皮，最内1层细胞叫内表皮，内外表皮之间为薄壁细胞；在对着每1子房室中央凹陷处的子房壁中可见到有1维管束穿过，该维管束称为背束；子房壁外部有1凹陷，此处为背缝线；每两个子房室之间为二心皮结合处，子房壁在此处也有1凹陷，为腹缝线，此处有1个维管束，称腹束。此外在胎座中也有较小的维管束。

（2）选其中1个胚珠详细观察下列各个部分。

珠柄：较粗而短，胚珠以珠柄着生在胎座上。

珠被：有_____层珠被，在外方的为_____珠被，在内方的为_____珠被（靠近珠柄的一侧往往只有1层珠被）。

珠孔：珠被在一端合拢处，留有1狭沟，即珠孔（由于珠孔很窄，正好切到它的机会不多，故在切片上不易见到）。

珠心：位于珠被之内，由薄壁细胞组成。

合点：珠心与珠柄的连接处为合点。

胚囊：在珠心中发育，成熟的胚囊占据珠心的大部分体积。

在你的制片中，胚囊处于哪一发育时期？_____核期。百合的胚珠为_____胚珠（类型）。

(二) 胚的发育

（1）荠菜幼胚的形成及胚珠其他部分的变化　取荠菜幼胚制片观察。荠菜果实为倒心形的短角果，由二心皮组成，侧膜胎座。但有一假隔膜将子房室分为二室，胚珠着生在假隔膜边缘。由于胚珠着生位置不一致，排列不整齐，所以在子房室内可以看到多个通过不同部位切面的胚珠，挑选1个比较完整并接近通过中央部位的胚珠纵切面来观察。

珠心：位于珠被内侧，由于胚和胚乳的发育，珠心只剩下紧贴珠被的一层细胞，在制片中被染成红色。从弯形的珠心可推断荠菜的胚珠是弯生胚珠。

胚柄：它是将幼胚推送至胚囊中部的结构，其基部有1个大型的细胞，称为基细胞。

原胚（或幼胚）：在制片中可观察到由多个细胞组成的球形原胚，或发育较快已分化出两片子叶的幼胚。

反足细胞：反足细胞经过多次的细胞分裂已变成一堆细胞。

胚乳：荠菜为核型胚乳，可见到许多游离核分布在胚囊的周缘。

（2）荠菜成熟胚的结构　观察荠菜成熟胚制片，胚珠已发育为种子；珠被发育为种皮。胚已经成熟呈弯形；有两片肥大的子叶，中间夹有胚芽，还有胚轴、胚根。同时在珠孔端还可看到胚柄基细胞。

（三）果实的类型

在观察内容后面的横线上填上代表植物名称。

（1）单果　为1朵花中由1个雌蕊发育所形成的果实。

肉果类：果皮通常肉质多浆。

①浆果＿＿＿＿＿＿＿＿＿＿＿＿；②核果＿＿＿＿＿＿＿＿＿＿＿＿；
③梨果＿＿＿＿＿＿＿＿＿＿＿＿；④柑果＿＿＿＿＿＿＿＿＿＿＿＿；
⑤瓠果＿＿＿＿＿＿＿＿＿＿＿＿。

干果类：成熟时果皮干燥。

A. 裂果：成熟时果皮开裂。

①荚果＿＿＿＿＿＿＿＿＿＿＿＿；②蓇葖果＿＿＿＿＿＿＿＿＿＿＿＿；
③角果＿＿＿＿＿＿＿＿＿＿＿＿；④蒴果＿＿＿＿＿＿＿＿＿＿＿＿。

B. 闭果：成熟时果皮不开裂。

①瘦果＿＿＿＿＿＿＿＿＿＿＿＿；②颖果＿＿＿＿＿＿＿＿＿＿＿＿；
③坚果＿＿＿＿＿＿＿＿＿＿＿＿；④双悬果＿＿＿＿＿＿＿＿＿＿＿＿；
⑤离果＿＿＿＿＿＿＿＿＿＿＿＿。

（2）聚合果　由离生单雌蕊发育而成的果实。即在1朵花内具多数离生心皮，每心皮形成1个小果，集生在1个花托上。如＿＿＿＿＿＿＿＿＿＿＿＿。

（3）聚花果（复果）　由整个花序所形成的果实。如＿＿＿＿＿＿＿＿＿＿＿＿。

四、实验报告（作业）

绘百合子房横切图，并注明各部分名称。

五、思考题

简述胚珠的结构及胚囊的形成和发育过程。
简述被子植物双受精过程。为什么说双受精是被子植物进化的重要特征？
果实和种子是怎样形成的？

实验九　低等植物

一、实验目的和要求

通过观察藻类、菌类和地衣植物不同种类的形态特征与结构，了解低等植物各类群的主要特征及其系统进化地位。

了解和识别低等植物的常见种类，学习观察和鉴定低等植物的方法。

二、实验材料和用具

【实验材料】

（1）藻类　颤藻、鱼腥藻、衣藻装片；水绵标本及接合生殖装片；紫菜、海带标本。

（2）菌类　细菌三型涂片、黑根霉菌装片、青霉菌装片、香菇标本及菌褶纵切片装片。

（3）地衣切片及各种不同类型的地衣标本。

【实验用具和试剂】 显微镜、实验用具盒、酒精灯；美蓝溶液、I_2-KI试剂、曙红染液、蒸馏水。

三、实验内容与方法

（一）藻类的观察

1. 颤藻

颤藻分布最为广泛。污水沟和湿地上最多，温暖季节生长最旺盛，常在浅水底形成一层蓝绿色膜状物，或成团漂浮在水面上。一年四季都可采到。可在实验的前1~2 d将采来的材料放在小烧杯的水中，颤藻可借滑行、摆动而移到烧杯的壁上。

用小镊子或解剖针挑取杯壁上的蓝绿色丝状物，置于载玻片上的一滴水中，盖上盖玻片，制成临时装片，在显微镜下进行观察。观察时，可见由一列细胞组成的不分枝的丝状体，其两端的细胞略成半圆形，其余细胞均为短圆筒形，有时可见中空的双凹形死细胞，其丝状体能前后左右摆动，故称为颤藻，为蓝藻植物。

2. 鱼腥藻

取几棵红萍并叠在一起，用刀片连续作与叶表垂直的横切面（或将红萍放在载玻片上，用另一载玻片压碎），制成临时装片。在镜下观察，可见在叶的同化腔内的（或压出来的）鱼腥藻。它为单列不分枝丝状体，由许多圆球状细胞连接而成。丝状体中每隔一定距离有一个形状有差异且较大的细胞，细胞壁也较厚，称为异形胞。

3. 衣藻

衣藻为单细胞绿藻。分布广泛，多生于有机质丰富的池塘、水坑或积水缸中。在春季和夏季可采到成群的衣藻标本，实验室中也容易培养成活。

用吸管取一滴含有衣藻的培养液，制成临时装片。先在低倍镜下观察，注意衣藻的形态、大小及其运动。然后选择个体较大的移至视野中央，换高倍镜仔细观察其细胞形态结构如下。

衣藻为卵圆形或椭圆形的单细胞植物，如果装片很好，可见藻体的先端有两根等长的鞭毛，其细胞壁是纤维素的，外包被透明的胶质层。

观察细胞内部，在藻体下端（大的一端）具有1个杯状的载色体，其上有1个大的具贮藏功能的淀粉核，细胞核位于载色体中央凹陷处。藻体前端的一侧有两个伸缩泡，它的收缩可以促使鞭毛摆动；在伸缩泡相对的一侧有1个红色的眼点。藻体中除上述各种结构外，均为原生质所填充。

4. 水绵

水绵为淡水池塘和沟渠中最常见的一类丝状绿藻。实验时，先用手指触摸水绵丝状体感觉是否很黏滑？再用镊子取少量水绵丝状体作临时装片（注意用针把丝状体拨散开），在显微镜下以先低倍镜后高倍镜的方式观察其形态和细胞结构。

在低倍镜下观察，可见水绵的藻体是多细胞不分枝的丝状体，植物体的外面呈亮黄色即为胶层，如果用手摸会有光滑感。

观察细胞的内部结构，可见水绵有一条至数条带状的、呈螺旋状排列的载色体分布在细胞中。

用曙红染色，盖好盖玻片用高倍镜观察，在细胞中央有1个较深的红色圆球，即为细胞核；如果染色理想可见到核的四周有原生质丝。

再取另1条水绵制片，用I_2-KI试剂染色，然后用低倍镜观察，可见载色体上呈现多个蓝色的小圆粒，即为具贮藏作用的淀粉核。

取水绵接合生殖装片观察其有性生殖过程。水绵的有性生殖为接合生殖，用低倍镜观察生殖过程，可以看到两条水绵丝状体平行靠近，并列细胞相对一侧先形成突起，进而两突起越来越长，直至相接，之后两突起横壁溶解，形成梯状的接合管。观察细胞内部，可以看到在接合管形成的同时，原生质体完全浓缩形成不同性的配子。进一步观察，则见有些配子通过接合管流向另一条丝状体的细胞中，并与该细胞的配子相结合形成黄色的合子。在同一装片上或另换一张装片还可观察到水绵的侧面接合生殖。

5. 紫菜

取紫菜的蜡叶标本（或市售紫菜用水浸泡）观察其颜色和形状，注意在薄的叶状体基部有1个小圆盘形的固着器。

紫菜是一种美丽的红藻，主要是由鲜紫红色的片状体组成。基部以盘状固着器固着在基物上，无柄或具短柄。片状体边缘波状，在制成蜡叶标本时，可以看到沿着边缘形成许多褶叠。片状体很薄，由单层或双层细胞组成。细胞为胶质所包被，内有 1~2 个红色星状色素体，有 1 个造粉核。

6. 海带

（1）孢子体外形　取海带蜡叶标本观察，区分带片、带柄和固着器 3 部分。固着器是叉状分枝的假根，柄短而粗，在柄上面为扁带状的带片，可长达 2~3 m。带片中央较厚，向两边渐薄，并有波状褶皱。

（2）带片上的孢子囊区域　取浸制的成熟的海带带片观察，注意在带片两面寻找有微微高出带片表面的深褐色的斑块，这就是海带的孢子囊区域。

（3）带片的内部结构　取浸制的海带带片用徒手切片法切取横切片，制成临时切片，在显微镜下观察。可以看到分为 3 层，外层为表皮，其次为皮层，中央为髓部。在皮层外缘有网形的分泌腔，由具分泌作用的分泌细胞组成。髓部由无色髓丝组成，有些髓丝顶部膨大呈喇叭状，在成熟带片表面可看到无数棒状单室孢子囊，其间具有隔丝。

(二) 菌类植物观察

1. 细菌

观察齿垢细菌。

（1）用解剖针从自己臼齿缝中取少量齿垢。

（2）将取下的白色齿垢置于载玻片上，用另一载玻片的一端放于有样品的载玻片上（约 45°）进行涂片。

（3）将涂好的玻片标本放在酒精灯火焰上迅速往返几次使其干燥，此时细菌死亡并且紧贴于玻片之上。

（4）取美蓝溶液少许，滴在玻片上染色 1~2 min。

（5）用清水冲去多余的染料，此时细菌已被染成蓝色。

（6）先用低倍镜观察，再换用高倍镜观察玻片标本，直到在视野中看到有数不清的形状不一的蓝色小点为止。移动载玻片使蓝色小点于视野正中，并转动微动螺旋找出适当焦距，观察视野中呈现各种不同形状的细菌。仔细分辨其中有哪几种细菌，它们各自如何排列？

（7）观察所提供的细菌三型涂片标本。

2. 黑根霉

自制标本（或黑根霉菌装片）进行观察。

（1）用解剖针在有霉菌的基质上挑取少许带黑颗粒的菌丝于载玻片上，再加蒸馏水少许，加盖玻片，用低倍镜观察。

（2）在视野中，可见许多匍匐生长的丝状物，即为菌丝匍匐枝，然后仔细观察菌丝，可见所有菌丝无隔。所以，它是单细胞多核的菌丝体。在菌丝体上有些菌丝向下生长伸入基质即为假根。

(3) 观察黑根霉菌的带黑色或有黑点的菌丝，在匍匐枝上有垂直向上、不分枝的丝状物，称为孢子囊柄。沿孢子囊柄向上观察，可见上部膨大形成圆球形的孢子囊，孢子囊柄伸向孢子囊中形成孢子囊轴。用解剖针挤压成熟的孢子囊，则见有多数黑色孢子散出。孢子在适宜基质上萌发形成新的菌丝。

3. 青霉菌

属子囊菌纲，水果腐烂时表面呈青绿色茸毛即为青霉菌。取青霉材料自制装片（或青霉菌永存片）进行观察。

(1) 先用低倍镜观察，可见菌丝由横隔膜分开成多细胞的丝状体，每一细胞中只有一核。

(2) 观察青霉菌无性繁殖所形成的无性分生孢子。用高倍镜观察菌丝末端，则见其直立的分生孢子梗，然后经 2~3 次分枝，产生分生孢子小梗；观察分生孢子小梗的顶部形成多个圆球形的分生孢子。这种孢子不产生于孢子囊内，所以称为外生孢子；应当注意观察分生孢子梗有横隔，这一点与曲霉不同。

4. 香菇

香菇为担子菌纲植物，是一种可食的腐生伞菌。取新鲜标本进行观察。子实体可分成菌柄和菌盖两大部分，菌柄直立，顶部生有菌盖。观察菌盖下部的柄，可见到生有一圈比较薄的环状结构，叫菌环。菌环的有无与颜色也是伞菌的分类特征之一。观察菌伞的形状与颜色，纵切菌伞，可以看出其上层由一些菌丝构成松软的假组织，下层呈鳃叶状，叫菌褶。取菌褶切片进行观察：在低倍镜下，见菌褶上生有一排小的突起，叫子实层。子实层是由不育的隔丝和能育的担子构成。再换高倍镜观察，可见担子的形状为长圆形，顶部生有 4 个小柄，叫担孢子小梗。小梗上各有 1 个担孢子。担孢子成熟后为褐色，孢子落地，可以形成新的菌丝。

(三) 地衣的形态与结构观察

1. 分类　取所供地衣标本按形态特征分类如下。

(1) 壳状地衣　植物体呈壳状紧贴于基质，因此采集时必须连同基质一起带回。

(2) 叶状地衣　植物体呈叶状，背面有假根与基质相连接。

(3) 枝状地衣　植物体呈丝状或枝状，直立丛生或下垂。

2. 取同层地衣切片用显微镜观察

(1) 首先观察切片的上方与下方，可以看到由菌丝交织成密集的上皮层与下皮层。

(2) 在上皮层与下皮层之间，可以看到分布着疏松排列的菌丝，菌丝之间混生着绿色的藻类。

3. 取异层地衣切片用显微镜观察

可以看到上皮层同样也是由菌丝紧密交织而成。

观察上皮层的下面，有多数绿色的藻细胞，即藻细胞层。

观察藻层下部，则完全为无色的菌丝交织成地衣的髓部。

再向下观察，则是菌丝紧密交织成为下皮层。下皮层之下有多数突起与基质相连（有的异层地衣无下皮层，宽的髓部直接与基质相联系）。

四、实验报告（作业）

绘颤藻和水绵植物体及接合生殖图，并标出各部分名称。

绘黑根霉菌的菌丝体与孢子囊图，并标出各部分名称。

任选你观察的一种地衣切片，绘其结构图，并标明各结构层名称。

五、思考题

总结蓝藻门、绿藻门和褐藻门的主要特征。

总结菌类植物的主要特征。

试述地衣的基本结构及地衣中藻与菌的关系。

实验十　高等植物

一、实验目的和要求

通过对苔藓、蕨类和裸子植物的代表植物的观察，了解高等植物不同类群的形态结构特征、生活史特点及其系统进化地位。

了解和识别高等植物的常见种类，学习观察和鉴定苔藓植物、蕨类植物和裸子植物的基本方法，了解其经济利用价值。

二、实验材料和用具

【实验材料】

（1）苔藓植物　地钱（*Marchantia polymorpha*）标本、葫芦藓（*Funaria hygrometrica*）标本、地钱的精子器与颈卵器切片、葫芦藓精子器与颈卵器切片。

（2）蕨类植物　垂穗石松（*Palhinhaea cernua*）标本、芒萁（*Dicranopteris dichotoma*）标本、井栏边草（*Pteris multifida*）标本、蜈蚣凤尾蕨（*Pteris vittata*）标本、乌毛蕨（*Blechnum orientale*）标本、满江红（*Azolla pinnata*）标

本、蕨原叶体装片、蕨叶孢子囊群横切片。

（3）裸子植物　马尾松（*Pinus massoniana*）枝条及成熟雌球果、杉木（*Cuninghamia lanceolata*）枝条、当地常见柏科植物带种子枝条、松雄球花（含小孢子囊）切片及幼嫩的松雌球果切片、苏铁（*Cycas revoluta*）、银杏（*Ginkgo biloba*）。

【实验用具】显微镜、实验用具盒。

三、实验内容与方法

（一）苔藓植物

观察标本和切片，了解苔藓植物的形态特征和生活史。

1. 地钱

（1）取地钱营养体（配子体）进行观察　地钱的营养体为扁平的叶状体，并有背腹面区别，在背面生有多数假根与基质相连；在腹面可以看出其明显的二叉状分枝。

生长旺季可在叶状体腹面找到杯状的胞芽杯，它是地钱无性繁殖的产物。观察胞芽杯的内部，有无胞芽产生，形状又如何？

（2）观察地钱有性生殖器官　有性生殖器官生于地钱叶状体分叉处，它向上生长成为细柄状的托柄，在托柄顶部生有雌托或雄托。地钱为雌雄异株，应找不同的植株观察雌托与雄托的结构。

取雌托观察，每个雌托在托柄的顶部有8~10条辐射状芒条，芒条下部生多个突起，即颈卵器。再取雄托观察，可见雄托柄顶部并不分枝，则成为一圆盘状的雄托。

取地钱雌托切片用低倍镜观察，可以看到芒条下方倒悬着瓶状的颈卵器。用高倍镜观察颈卵器，可区分颈部与腹部，再观察外面的壁细胞与里面的颈沟细胞、腹沟细胞与卵（受精后颈沟细胞和腹沟细胞消失）。

取地钱雄托切片用低倍镜观察，则见长卵圆形或椭圆形的精子器陷于雄托顶部的组织中。精子器的外壁由1层排列很整齐的薄壁细胞构成，内部充满众多的精子细胞。用高倍镜观察精子细胞，它为长卵圆形。如果切得完整，可见它的顶部生有两根鞭毛。

【观察与思考】

地钱叶状体是孢子体，还是配子体？

地钱的生长点在哪儿？与其分枝方式是否有关？

2. 葫芦藓

（1）观察葫芦藓植物标本　它与常见的种子植物不同，其营养体是配子体，细胞中的染色体为 N。它的营养体有茎、叶的分化，茎直立，其上生有叶，在茎的下端有假根。当葫芦藓的卵与精子结合形成合子时，合子在雌株上萌发形成孢子体——孢蒴。孢蒴下有蒴柄连于配子体，上有蒴帽为配子体的一部分，并非孢子体。

（2）显微镜下观察葫芦藓精子器与颈卵器切片　①雄枝在枝端叶呈花状展开，可见棒状的精子器夹在隔丝之间，观察精子器的构造及隔丝的形状。②雌枝顶端一般不像雄枝特殊，可找见下部略大而似瓶状的颈卵器。进一步观察颈卵器的构造，识别它的颈沟细胞、腹沟细胞与卵细胞。

（二）蕨类植物

观察常见植物的标本和切片，了解蕨类植物的形态特征和生活史。

（1）观察植物体　取垂穗石松、芒萁、井栏边草、蜈蚣凤尾蕨、乌毛蕨、满江红等常见蕨类植物观察。在真蕨根状茎上密被褐包鳞片，并向上生有羽状裂叶，向下还生有许多小根（不定根）。仔细观察叶片背面，在裂片边缘上可以见到两排黄色或棕褐色的圆形小堆，即孢子囊群。注意观察孢子囊群的形状和在叶上排列的特点。

（2）用低倍显微镜观察有孢子囊群的蕨叶横切片　在下表皮有部分细胞向外突起，并向周围延伸形似伞状，叫孢子囊群盖；中间的主轴叫孢子囊群轴。主轴的基部叫胎座。胎座上着生多数孢子囊。孢子囊壁大部分为薄壁细胞，但在囊壁背部有部分为厚壁细胞所包围，叫环带。环带的下部有一细小的孢子囊柄，它着生在囊群的胎座上。在环带的相对侧为薄壁细胞，称为唇细胞。孢子成熟时环带细胞收缩而唇细胞裂开，散出孢子。观察成熟的孢子为肾形，黄色或黄褐色，孢子的形成即无性世代的结束。

（3）用低倍镜观察真蕨原叶体（配子体）　首先看到其原叶体为心形叶状体，原叶体的大部分只有 1 层薄壁细胞，只有中部增厚成多层细胞。在原叶体的背面生有许多假根，以它固定于基质上。雌雄生殖器官都生于原叶体的背面。再用高倍镜观察，仔细观察假根附近，分布有椭圆形或球形的精子器，其壁也是单层细胞构成，内部形成螺旋形、带有鞭毛的精子。靠近原叶体凹陷处，生有多个乳头状的颈卵器。颈卵器的壁是单层的，而且颈沟细胞较少，腹部膨大，内有 1 个大的卵细胞和 1 个腹沟细胞。精子与卵子结合成为合子，有性世代结束。

（三）裸子植物

观察裸子植物的标本和切片，了解裸子植物的形态特征和生活史。

（1）观察马尾松的外形　为常绿乔木，具无限生长的长枝和有限生长的短枝，短枝顶端着生有一束 2～3 枚的针叶（每束的针叶数是松属的分类标准之一）。马尾松针叶长而软，新枝上的鳞片叶是红棕色。大小孢子叶球同株，小孢子叶球多数集生于新枝下部；大孢子叶球单生或2~4枚生于新枝顶端。

（2）观察松雄球花（含小孢子囊）切片　在显微镜下观察小孢子叶的结构及小孢子囊在小孢子叶上的着生位置，观察雄配子体（花粉）的结构，并注意细胞由外壁向外突出形成的气囊。

（3）观察新鲜或干燥的马尾松雌球果　用放大镜观察，区分以下几个部分：球果轴、种鳞、带翅的种子。注意种鳞在球果轴上的排列方式，以及种鳞和苞鳞结合的情况（松科的种鳞是螺旋状互生，覆瓦状排列，松科苞鳞和种鳞应是分离，但松属却例外，成熟时已经结合）。

（4）观察幼嫩的松雌球果切片　观察大孢子叶的排列及胚珠的着生位置，注意裸子植物的珠被是单层的，这点也是区别于被子植物的特征。

（5）松树种子做纵切面观察　种子中央是圆锥状的胚，下端为胚根，上端子叶（注意子叶数目），裸子植物的子叶是多数的，区别于被子植物（单子叶或双子叶）。子叶之间为胚芽，胚的外围全是含有丰富营养物质的胚乳，最外层是种皮。

（6）观察松科（马尾松）、杉科（水杉）和柏科植物　列表比较其特征。

（7）观察苏铁植物形态　苏铁具有直立的柱状主干，不分枝，顶端簇生大型羽状复叶。铁树雌雄异株，大小孢子叶球均集生茎顶，小孢子叶稍扁，肉质，鳞片状，螺旋状排列成圆柱形的小孢子叶球，每个小孢子叶上生有2~5个小孢子囊组成的小孢子囊群，大孢子叶先端羽状分裂，密被褐色茸毛，基部柄状，柄的两侧生有2~8个胚珠。

（8）观察银杏植物形态　银杏为单科、单属、单种，是著名的孑遗植物。

银杏是高大多分枝的乔木，具有营养性长枝和生殖性的短枝。叶扇形，小孢子叶球呈柔荑花序状，生于短枝顶端的鳞片腋内。小孢子叶具短柄，柄端由2个悬垂的小孢子囊。大孢子叶球极为简化，仅有短柄，柄端具2个环形的大孢子叶（珠领）。大孢子叶上各生1个直生胚珠，但只1个成熟。种子很像被子植物的核果。种皮分3层，外种皮厚，肉质；中种皮骨质呈白色（故银杏俗称白果）；内种皮红色，膜质。

四、实验报告（作业）

绘地钱或藓类的颈卵器与精子器，并标明各部分名称。

绘真蕨叶横切（含孢子囊群）的部分结构图，并标明各部分名称。

绘马尾松雌球果及果鳞（含带翅种子）形态图，并标明各部分名称。

五、思考题

总结地钱、葫芦藓、真蕨、马尾松的生活史及其特点。

实验十一 被子植物分科（一）
——木兰亚纲（木兰科、毛茛科）

一、实验目的和要求

通过观察木兰科、毛茛科代表植物的形态构造与识别特征，掌握原始被子植物的主要特征。

二、实验材料和用具

【实验材料】

玉兰（*Magnolia denudata*）蜡叶标本，成熟的果实及新鲜的花。

西五味子（*Schisandra sphnanthera*）雄花的浸渍标本。

毛茛（*Ranunculus japonicus*）带花的植物标本。

茴茴蒜（*Ranunculus chinensis*）带花的新鲜标本。

乌头（*Aconitum kusnezoffii*）植物花的浸渍标本。

【实验用具】放大镜、体视镜、显微镜、刀片、镊子、解剖针等。

三、实验内容与方法

（一）木兰科（Magnoliaceae）

（1）观察玉兰带花的枝条 注意托叶的形态及托叶痕；花单生枝顶，白色、芳香，具9个形态相似的花被片，呈螺旋状排成3轮；雄蕊及心皮多数，离生，螺旋状着生于柱状花托上，雄蕊位于花托下部，雌蕊着生于中上部。取下其中1枚雄蕊观察，花丝呈板状，很短，与花药无明显分化，花药较长，中间的花隔向上突出；用刀片将花托上部做纵剖，可见雌蕊离生的子房部分陷于花托之中，1个子房由1个心皮组成1室，其内有1~2个胚珠，在花柱的近轴面具乳突状突起，此即为柱头面。取玉兰成熟的果实观察，聚合果木质化，沿背缝线开裂，有橙红色种子垂悬于白色细丝上，该丝是由胚柄部分的螺纹导管展开形成的。

（2）观察西五味子花的浸渍标本及蜡叶标本 单叶互生；雌雄异株，花单生，辐射对称，橙红色，花被不分化为萼片和花瓣，肉质；雄花的花托头状，雄蕊多数，螺旋状排列，取1枚雄蕊观察，注意区分花药和花丝，同玉兰的雄蕊比较有哪些异同？雌花的心皮多数，离生，螺旋状排列于头状花托上。由于子房受精后花托伸长而发育成为穗状聚合浆果。在克朗奎斯特系统中，五味子属从木兰科中分出去，另立为五味子科。

（二）毛茛科（Ranunculaceae）

（1）观察毛茛标本 注意叶形和排列的方式，然后取1朵花将花纵剖置于解剖镜下观察。花萼由5个卵形萼片组成，花瓣5，亮黄色，取下1个花瓣，在基部可看到蜜槽，并由一鳞片覆盖着，雄蕊多数，螺旋排列，雌蕊由多数分离心皮组成，螺旋排列在突出的花托上，每个心皮含有1个胚珠。花后形成1个聚合瘦果，观察果实的外形，什么叫瘦果？

（2）观察茴茴蒜开花的植株 植物体为多年生草本，叶的形态如何，叶缘是否有裂？取1朵花观察，花两性，辐射对称，萼片5，花瓣5，黄色，表面具蜡质。基部具蜜腺穴；雌雄蕊均为多数，离生，螺旋状着生于突起的花托上，果实为聚合瘦果。

（3）观察乌头的浸渍标本 注意叶形和排列方式，花序类型，然后取1朵花解剖观察，花为两侧对称的两性花，仅有萼片而无花瓣，最上面的1个萼片较大，呈盔状，侧面及下面的2对萼片的形态及大小常因种而异，花瓣退化仅残留有两个蜜腺叶，内藏于盔萼内，蜜腺叶可明显区分出唇、距、爪三部分；雄蕊多数，心皮3~5，离生，果实为聚合果。

四、作业要求

绘玉兰花的侧面以及雌蕊纵切面的结构图，注明各部分名称。
绘毛茛花的纵剖图，并注明各部分构造名称。

实验十二　被子植物分科（二）
——金缕梅亚纲（桑科、山毛榉科、胡桃科）

一、实验目的和要求

通过解剖观察桑科、壳斗科、胡桃科的代表植物，掌握其形态构造与识别特征。

二、实验材料和用具

【实验材料】

桑（*Morus alba*）带花的枝条。

无花果（*Ficus carica*）带花的枝条。

构（*Broussonetia papyrifera*）带花的标本及果实的标本。

栓皮栎（*Quercus variabilis*）或栎属其他植物带花的枝条及果实的标本。

栗（*Castanea mollissima*）带花的标本及果实的标本。

胡桃（*Juglans regia*）带花序的枝条。

枫杨（*Pterocarya stenoptera*）带花序的枝条。

【实验用具】 放大镜、体视镜、显微镜、刀片、镊子、解剖针等。

三、实验内容与方法

（一）桑科（Moraceae）

（1）观察桑的枝条 注意叶形及叶的排列方式。花为雌雄异株；何种花序？花被有几层？取1雄花序观察，其上着生有多数雄花，观察其中的1朵雄花，注意萼片和雄蕊的数目以及它们之间的对应关系；再取1雌花序观察，其上着生有多数雌花，观察其中的1朵雌花，注意萼片及雌蕊的数目，纵剖子房，注意胚珠着生的位置。桑葚是什么果实类型？

（2）观察无花果带花序枝条 植物体是否具白色乳汁，叶形和叶的排列方式如何，是否具环状托叶痕，解剖一花序，能否区别3种不同类型的花？

（3）观察构树的枝条 枝粗壮，平展，灰褐色，密生白色茸毛。叶阔卵形，顶端锐尖，基部圆形或近心形，边缘有粗齿，或3~5深裂（幼枝上的叶更为明显），两面有厚柔毛；托叶卵状长圆形，早落。花雌雄异株；雄花序为腋生下垂的柔荑花序，雌花序头状，苞片棒状，顶端圆锥形，有毛，花柱基部不分枝。聚花果球形。

（二）胡桃科（Juglandaceae）

（1）观察胡桃带有花序的枝条 枝具片状髓，树皮及叶含树脂，具芳香味，奇数羽状复叶；雌雄同株，雄花组成柔荑花序，每朵雄花的花被片合生，裂片7，雄蕊常多数。雌花1~3朵顶生，花被片4，常与子房合生，子房下位柱头2，核果。

（2）枫杨 为落叶大乔木。干皮灰褐色，幼时光滑，老时纵裂。具柄裸芽，密被锈毛。小枝灰色，有明显皮孔且髓心片隔状。奇数羽状复叶，但顶叶常缺而呈偶数状，叶轴具翅和柔毛，小叶5~8对，无柄，长8~12 cm，宽2~3 cm，缘具细齿，叶背沿脉及脉腋有毛。雌雄同株异花，雄花柔荑花序状，雌花穗状。小坚果，两端具翅。

（三）壳斗科或山毛榉科（Fagaceae）

（1）观察栓皮栎带花序的枝条　单叶互生，具羽状叶脉、叶缘具脉刺，雄花序为下垂的柔荑花序，花被片通常为4~8，基部结合，雄蕊4~12，花丝短。雌花单生或几朵集生于幼枝上部叶腋处的总苞内，花被片为6~8浅裂，雌蕊由3个心皮组成；结果后总苞形成壳斗包住坚果的一半，壳斗的苞片锥状，向外反卷。

（2）板栗　为落叶乔木，单叶互生，羽状叶脉，叶缘亦具脉刺。雄花序为直立柔荑花序，雌花2~3朵，丛生于雄花序的基部，坚果被壳斗全包，壳斗外具长刺，雌蕊由6个心皮组成，6室，每室2个胚珠，但只有1个胚珠发育。果实为坚果。

四、作业要求

绘桑的雄花及雌花结构图，并注明各部分构造名称。
绘胡桃雌花的外形图，注明各部分构造名称。
比较木兰科和毛茛科异同点。
说明栎属和栗属的区别。
板栗、无花果、桑葚、胡桃可食的部分是什么？它们各是什么果实类型？

实验十三　被子植物分科（三）
——石竹亚纲（石竹科、苋科、藜科、蓼科）

一、目的和要求

掌握石竹亚纲中石竹科、苋科、藜科和蓼科的主要识别特征，识别这些科的常见植物。

二、实验材料和用具

【实验材料】石竹、繁缕、反枝苋、苋、藜、菠菜、地肤、荞麦、酸模叶蓼、红蓼等具花果的新鲜标本、蜡叶标本，或液浸标本，或根据本地区植物分布特点和实验室条件选取这些科中其他具有代表性的植物。

【实验用具】体视显微镜、显微镜、手持放大镜、镊子、解剖针、刀片、玻璃皿、载玻片、盖玻片等。

三、实验内容与方法

石竹亚纲（Caryophyllidae）包括3目14科。本实验观察其中的石竹科、苋科、藜科和蓼科。

取各科代表植物具花果的新鲜标本、蜡叶标本或液浸标本，对照下面该植物形态特征的描述进行观察。其中，重点对各植物的花进行解剖观察，注意观察花的副萼、花萼、花冠、雄蕊和雌蕊等组成部分的有无、数目、分离或联合、排列方式和类型等，以及子房位置、胎座类型、子房室数、胚珠数和果实、种子的结构、类型等。然后根据观察结果总结、掌握各科的主要识别特征。

（一）石竹科（Caryophyllaceae）

1. 主要特征

多草本，茎圆形，节膨大。单叶对生。聚伞花序，两性花，雄蕊数为花瓣的2倍，上位子房，特立中央胎座。蒴果。

2. 代表植物

（1）石竹（*Dianthus chinensis*）　草本。茎簇生，上部分枝节膨大。单叶对生，线状披针形，全缘。花单生或1~3朵呈聚伞状花序；两性花，辐射对称；萼下苞片2~3对，长约萼筒1/2，萼筒5裂；花瓣5，分离，具爪，淡红、粉红、白色等多种颜色，喉部有疏生须毛；雄蕊10，排列成2轮，内外轮有时长短不一；子房上位，2心皮，子房1室，特立中央胎座，胚珠多数。蒴果圆筒形。

（2）繁缕（*Stellaria media*）　草本。茎秆细，多分枝直立或平卧，茎上有一行短柔毛。单叶对生，叶片卵形，全缘，有或无叶柄。花单生叶腋或成顶生聚伞花序。花萼5枚，披针形，边缘膜质；花瓣5，白色，2深裂达基部，较萼片短。雄蕊10枚，雌蕊1枚位于花中央，子房上位，1室，特立中央胎座，花柱3枚。果卵形或椭圆形，先端开裂。

（3）麦蓝菜（王不留行）（*Vaccaria segetalis*）　全株光滑。花粉红色，萼具5条绿色宽带。

（4）香石竹（康乃馨）（*Dianthus caryophyllus*）　茎圆形，光滑，有白粉；花有香味，单生或2~5朵，呈聚伞花序。花瓣顶端齿状浅裂。

（二）苋科（Amaranthaceae）

1. 主要特征

多草本。单叶互生或对生，无托叶。花小，花下有干膜质苞片，花密集成穗状、圆锥状或头状花序；萼片3~5，干膜质，无花瓣；雄蕊1~5个，与萼片对生，心皮 2~3 合生，1 室，子房上位。胞果，盖裂。

2. 代表植物

（1）反枝苋（*Amaranthus retroflexus*）　草本。茎粗壮，密生短柔毛。叶互生，菱状卵形或椭圆状卵形，先端具芒尖，基部楔形，无托叶。花单性，雌雄同株，集成多毛刺的花簇，再集为稠密的绿色圆锥花序，顶生或腋生；苞片披针状锥形，具针芒；花被片白色，薄膜状，有 1 淡绿色细中脉，先端急尖或尖凹，具小突尖；柱头 3，长刺锥状，内侧具微细的小锯齿状毛。花柱极短，子房具 2 直生胚珠。胞果扁球形，淡绿色，包裹在花被片内；种子近球形，较小，直径 1 mm，棕色或黑色。

（2）苋（*Amaronthus tricolor*）　草本。单叶互生，无托叶，叶卵状椭圆形至披针形。穗状花序，注意观察杂性花，萼片与雄蕊各 3 枚，柱头 3 枚，子房上位，胚珠 1 个。胞果环裂，种子有丰富的胚乳与环形胚。

（3）牛膝（*Achyranthes bidentata*）　草本。根圆柱形而长。叶对生，节部膝状膨大。穗状花序，开花后其花向下折而贴于花轴。

（4）鸡冠花（*Celosia cristata*）　草本。花序顶生，扁平鸡冠状，紫色、淡红色或黄色。

（三）藜科（Chenopodiaceae）

1. 主要特征

草本，具白粉。单叶互生。花小，单被，雄蕊与萼片同数而对生，子房上位，基生胎座。花萼宿存，胞果。

2. 代表植物

（1）藜（*Chenopodium album*）　草本。茎直立，有棱，具绿色或紫红色的条纹，多分枝；叶互生，具长柄，叶片菱状卵形，卵状三角形至长圆状三角形，上面光滑，下面被白粉，灰绿色。花两性，数个集成团伞花簇，多数花簇排成腋生或顶生的圆锥状花序；花被片 5，边缘膜质；雄蕊 5；子房扁平，花柱 2，分离。胞果完全包于花被内或顶端稍露，果皮薄，紧贴种子；种子横生，双凸镜形，直径 1.2~1.5 mm，环形胚。

（2）菠菜（*Spinacia oleracea*）　叶多基生，茎上部叶互生，有长柄。花单性，雌雄异株；雄花呈顶生穗状花序，雌花数朵簇生于叶腋；雌、雄花甚小，雄花有黄绿色萼片，长圆形，先端钝；雄蕊 4，与萼片对生，花丝线形，伸出花萼之外。雌花有萼状苞片 2~4，合生，子房近球形，柱头 4，线形而细长，下部结合。胞果包在有 2~4 个角的由萼状苞片形成的杯状体内，常有 2 个角刺。

（3）甜菜（*Beta vulgaris*）　花绿色，在叶腋处集成球状；柱头 3 裂，3 心皮。胞果外包有宿存的花萼。根肥大。

(4) 地肤 (*Kochia scooparia*)　草本。茎多分枝，分枝与小枝散射或斜升。叶片线形或披针形，无柄。花无梗，1~2朵生于叶腋；花被5裂，下部联合，结果后，背部各生一横翅。胞果扁球形，包在草质花被内。

(四) 蓼科 (Polygonaceae)

1. 主要特征

常为草本，茎节膨大。单叶互生，有明显膜质托叶鞘。单被花，花被花瓣状，宿存。瘦果，三棱形或两面凸起。

2. 代表植物

(1) 荞麦 (*Fagopyrum esculentum*)　草本。茎直立，分枝，光滑，淡绿色或红褐色。单叶互生，三角形或卵状三角形，基部心形或戟形，全缘。托叶鞘膜质，早落。花序为顶生或腋生的总状花序。花两性，辐射对称，单被花，花被5裂，红色或白色；雄蕊8枚，外轮5，内轮3，雄蕊花丝间具蜜腺；雌蕊3心皮1室，1胚珠。瘦果3棱形，花被宿存。

(2) 酸模叶蓼 (*Polygonum lapathifolium*)　草本。叶柄有短刺毛，托叶鞘呈筒状，膜质。圆锥花序，花萼4裂片，淡红色或白色；雄蕊6枚，雌蕊由2心皮构成，花柱2。瘦果卵形。

(3) 扁蓄 (*Polygonum aviculare*)　草本。植株小型。单叶互生，托叶鞘状抱茎。花生于叶腋，花被片5，无花瓣，呈白绿色稍红色，雄蕊8枚，花丝短，雌蕊由3心皮构成。瘦果三棱形，外包宿存花萼。

(4) 红蓼 (*Polygonum orientale*)　茎中空，多分枝，全株密被粗长毛，叶大，互生，阔卵形或卵状披针形；托叶鞘筒状，下部膜质，褐色，上部草质，绿色有缘毛。总状花序顶生或腋生，柔软下垂如穗状，小花粉红或玫瑰红色。

四、实验报告 (作业)

绘石竹子房横切和纵切图，示特立中央胎座。

列表比较蓼科、藜科和苋科的主要异同点。

分别写出所观察植物的花程式。

五、思考题

石竹科、苋科、藜科和蓼科的主要识别特征是什么？

写出本地区几种常见的石竹科、苋科、藜科和蓼科的植物。

实验十四 被子植物分科（四）
——五桠果亚纲（锦葵科、葫芦科、杨柳科、十字花科）

一、实验目的和要求

掌握五桠果亚纲中锦葵科、葫芦科、杨柳科和十字花科的主要识别特征，识别本科常见植物。

二、实验材料和用具

【实验材料】陆地棉、木槿、蜀葵、黄瓜、葫芦、毛白杨、垂柳、旱柳、荠菜、油菜、萝卜等具花果的新鲜标本、蜡叶标本，或液浸标本，或根据地区植物分布特点和实验室条件选取这些科中其他具有代表性的植物。

【实验用具】体视显微镜、显微镜、手持放大镜、镊子、解剖针、刀片、玻璃皿、载玻片、盖玻片等。

三、实验内容与方法

五桠果亚纲包括13目78科。本实验观察其中的锦葵科、葫芦科、杨柳科和十字花科。

取各科代表植物具花、果的新鲜标本、蜡叶标本或液浸标本，对照下述植物形态特征进行观察。其中，重点对各植物的花和果实进行解剖观察，注意观察花的副萼、花萼、花冠、雄蕊和雌蕊等组成部分的有无、数目、分离或联合、排列方式和类型等，以及子房位置、胎座类型、子房室数、胚珠数和果实、种子的结构、类型等。然后根据观察结果总结、掌握各科的主要识别特征。

（一）锦葵科（Malvaceae）

1. 主要特征

草本或木本。常披星状毛或鳞片状毛。单叶互生，掌状裂，有托叶。有副萼，萼片和花瓣各5枚；雄蕊多数，单体，花药1室，中轴胎座。蒴果或分果。

2. 代表植物

（1）陆地棉（*Gossypium hirsutum*） 草本。小枝常疏生长柔毛。叶阔卵形，长宽近相等，直径5~12 cm，常掌状3~5浅裂，裂片宽三角状卵形，顶端钝尖；叶柄长4~12 cm，疏生柔毛。花大，直径4~5 cm；小苞片3，分离，基部心形，有1腺体，苞片全部有粗齿或锯齿，齿宽约为长的1/3；花萼5齿裂；花瓣初白或淡黄色，后变红或紫色。雄蕊柱长 1~2 cm。蒴果卵圆形，长 3.5~5 cm，有喙，4~5 室；种子有长棉毛和不易剥离的淡灰色短棉毛。

（2）木槿（*Hibiscus syriacus*） 灌木。叶卵形或菱状卵形，边缘具缺刻。花单生，具短梗，红、紫或堇色；萼片线状裂。蒴果长圆形，被毛。

（3）蜀葵（*Althaea rosea*） 草本，被毛。叶大，粗糙，圆心脏形，叶缘浅裂或波状。花大，近无梗苞片 6~7 个，基部结合。果为分果。

（4）苘麻（*Abutilon avicennae*） 不具苞片，子房每室有 1~2 个胚珠。

（二）葫芦科（Cucurbitaceae）

1. 主要特征

草质藤本，具卷须，单叶互生，掌状分裂。花单性，雌雄同株或少数异株；花基数 5，雄蕊花丝或花药有时结合，花药常折叠；子房下位，侧膜胎座。瓠果。

2. 代表植物

（1）黄瓜（*Cucumis sativa*） 草质藤本，卷须不分枝。单叶互生，掌状裂。花单性，雌雄异株，单生于叶腋；雄花萼片合生，有 5 个裂齿；合瓣花冠黄色，具 5 深裂；雄蕊 3 体，实为 5 枚，其中，4 个两两合生，第 5 个分离，花丝短，着生于花冠筒上，花药连合并弯曲，又称聚药雄蕊，雄花中央为退化的雌蕊。雌花的花萼、花冠和雄花相同；花冠下面具刺状凸起的绿色圆柱形部分为花托；子房包埋其中，下位子房，3 个心皮合生，侧膜胎座，雌蕊花柱短小，柱头较大，3 裂。瓠果圆柱形，常有刺尖瘤状凸起。

（2）葫芦（*Lagenaria siceraria*） 茎具黏毛，卷须分枝，花白色，大而单生，果下部大于上部，中部缢细，成熟后果皮变木质。

（3）南瓜（*Cucurbita moschata*） 一年生蔓生草本，花冠钟状，叶大型具掌状脉，花黄色。

（4）栝楼（*Trichosanthes kirilowii*） 根圆柱形，横走。花白色，种子坚硬。

（三）杨柳科（Salicaceae）

1. 主要特征

乔木。单叶互生有托叶。葇荑花序，单性花，雌雄异株；无花被，有花盘或腺体，每朵花基部有 1 苞片，雄花具二至多数雄蕊，雌花为子房上位，侧膜胎座。蒴果，种子小，基部有长毛。

2. 代表植物

（1）毛白杨（*Populus tomentosa*） 落叶乔木。叶卵形、宽卵形或三角状卵形。先端渐尖或短渐尖，基部心形或平截，叶波状缺刻或锯齿，背面密生白茸毛，后全脱落。叶柄扁，顶端常有 2~4 腺体。蒴果小。雌雄异株，雌花、雄花均构成下垂的柔荑花序。雄花序长 10~14 cm，苞片约具 10 个尖头，密生长毛，雄蕊 6~12，花药红色。雌花序长 4~7 cm，苞片褐色，尖裂，沿边缘有长毛，雌花雌蕊 1 个，子房 1 室。蒴果，有多数细小种子，种子有毛。

（2）胡杨（*Populus diversifolia*）　乔木。树皮暗灰色，叶三角或菱状卵形，短枝和中年的叶宽椭圆形或肾形。常生于沙漠的有水源处或地下水位较高处。

（3）山杨（*Populus davidiana*）　乔木。叶三角状圆形或圆形，较小。

（4）垂柳（*Salix babylonica*）　乔木。枝细长下垂。柔荑花序直立，裸花，单性，雌雄异株。花基部生 1 苞片，雄蕊 2 个，基部有 2 个腺体；雌花基部亦有 1 苞片。子房上位，2 心皮组成 1 室，具多数胚珠。蒴果，种子细小多数，具由珠柄长出的许多柔毛。

（5）旱柳（*Salix matsudana*）　乔木。枝直立，小枝黄色。雌花有 2 腺体。

（四）十字花科（**Brassicaceae**）

1. 主要特征

草本，具辛辣味。基生叶莲座状，茎生叶互生。花两性，萼片、花瓣各 4 枚，"十"字形花冠；四强雄蕊，雌蕊由 2 心皮组成，角果，侧膜胎座，具假隔膜。

2. 代表植物

（1）荠（*Capsella bursa-pastoris*）　草本。高 15~50 cm，稍有分枝毛或单毛。基生叶丛生，有柄，大头羽状分裂，裂片常有缺刻；茎生叶狭披针形，基部耳状抱茎，边缘有缺刻或锯齿。总状花序顶生及腋生，花小，萼片 4；花瓣 4，白色，呈"十"字展开；雄蕊 6，四强；子房上位。短角果倒三角形或倒心形，扁平，先端微凹，有极短的宿存花柱。种子 2 列，长椭圆形，淡褐色。

（2）油菜（*Brassica campests*）　草本，茎粗壮。基生叶有柄，叶片大头羽状分裂；下部茎生叶羽状半裂；上部茎生叶无柄，叶顶端钝，叶基耳垂状抱茎，全缘或有波状细齿。花鲜黄色，总状花序。长角果。

（3）萝卜（*Raphanus sativus*）　草本，多分枝，有硬毛。叶大头羽裂。根肉质，形状大小多变化。花较大，白色、紫色或淡红色。长角果不开裂，圆柱状，在种子间收缩，熟时变成海绵状横隔，顶端渐尖成喙。

（4）播娘蒿（*Descurainia sophia*）　草本。叶互生，茎下部叶柄较明显；叶片二至三回羽状全裂或深裂，裂片线形，柔软。总状花序顶生，花黄色，花柱缺。细长角果，略或扁平圆柱形，种子有网纹。

（5）拟南芥（*Arabidopsis thaliana*）　草本，茎直立。基生叶莲座状，有柄，具叉状毛。花白色，角果线形。

四、实验报告（作业）

绘陆地棉花的纵切图，并注明副萼、萼片、花瓣、雄蕊和雌蕊等部分。
绘黄瓜子房的横切面图，示心皮的数目，子房室数、胎座类型等特征。
绘十字花科植物花的示意图，示花冠类型，雄蕊类型等特征。
分别写出所观察植物的花程式。

五、思考题

锦葵科、葫芦科、杨柳科和十字花科的主要识别特征是什么？
写出本地区常见的锦葵科、葫芦科、杨柳科和十字花科植物。
请说明西瓜、南瓜、黄瓜、西葫芦、甜瓜等的食用部分。

实验十五　被子植物分科（五）
—— 蔷薇亚纲（蔷薇科、豆科、大戟科、芸香科、伞形科）

一、实验目的和要求

掌握蔷薇亚纲中蔷薇科、豆科、大戟科、芸香科和伞形科的主要识别特征，以及蔷薇科和豆科各亚科的主要区别和演化趋势。识别各科常见植物。

二、实验材料和用具

【实验材料】三裂绣线菊、珍珠梅、月季、蔷薇、玫瑰、桃、李、苹果、沙梨、合欢、含羞草、皂荚、紫荆、刺槐、蚕豆、花生、蓖麻、泽漆、枸橘、花椒、橙、胡萝卜、窃衣等具花果的新鲜标本、蜡叶标本，或液浸标本，或根据地区植物分布特点和实验室条件选取这些科中其他具有代表性的植物。

【实验用具】体视显微镜、显微镜、手持放大镜、镊子、解剖针、刀片、玻璃皿、载玻片、盖玻片等。

三、实验内容与方法

蔷薇亚纲包括18目114科。本实验观察其中的蔷薇科、豆科、大戟科、芸香科和伞形科。

取各科代表植物具花果的新鲜标本、蜡叶标本或液浸标本，对照下面该植物形态特征的描述进行观察。其中，重点对各植物的花和果实进行解剖观察，注意观察花的副萼、花萼、花冠、雄蕊和雌蕊等组成部分的有无、数目、分离或联合、排列方式和类型等，以及子房位置、胎座类型、子房室数、胚珠数和果实、种子的结构、类型等。然后根据观察结果总结、掌握各科的主要识别特征。

（一）蔷薇科（Rosaceae）

乔木、灌木或草本。叶互生，多具托叶。花5朵，具杯状、盘状或壶状花托（萼筒），周位花；蔷薇花冠，雄蕊多数，轮生，心皮多数至1个。蓇葖果、瘦果、梨果、核果、稀蒴果。

蔷薇科可分为4个亚科。

1. 绣线菊亚科（Spiraeoideae）

（1）主要特征　木本，常无托叶。子房上位，心皮通常5个，每心皮有2个到多个胚珠，花托浅盘状。果实为开裂蓇葖果。

（2）代表及常见植物

三裂绣线菊（*Spiraea trilobata*）：灌木。小枝细，开展。叶片近圆形、扁圆形或长圆形，基部近圆形、近心形或广楔形，先端钝，通常3裂，边缘自中部以上有少数圆钝锯齿，两面无毛，背面灰绿色，具明显3~5出脉。伞形花序具总梗，无毛，花15~30朵；花梗长8~13 mm，无毛；苞片线形或倒披针形，先端深裂成细裂片；花尖，内面有稀短柔毛；花瓣广倒卵形，先端常微凹，白色；雄蕊18~20，较花瓣短；花盘约有10个大小不等的裂片，排成圆环形；子房被短柔毛，花柱比雄蕊短。蓇葖果。

麻叶绣线菊（*Spiraea cantoniesis*）：枝条无毛。叶菱状椭圆形，边缘有规则缺刻或锯齿。花白色，伞房花序。花托浅盘状，花冠整齐，雄蕊多数，心皮5个分离，组成5个直立的单雌蕊。聚合蓇葖果，成熟时沿腹缝线开裂。

珍珠梅（*Sorbaria sorbifolia*）：灌木。羽状复叶，小叶无毛。圆锥花序，花白色，雄蕊长于花瓣1倍。蓇葖果。

2. 蔷薇亚科（Rosoideae）

（1）主要特征　草本或木本。有托叶，托叶和叶柄愈合。子房上位，心皮多数离生，每心皮有1~2个胚珠，花托凸起或下凹。果实为瘦果或小核果。

（2）代表及常见植物

月季（*Rosa chinensis*）：灌木。小枝具钩状而基部膨大的皮刺，无毛。奇数羽状复叶，小叶3~5片，宽卵形或卵状长圆形，先端渐尖，边缘具粗锯齿，上面暗绿色，有光泽，下面色较浅，两面无毛。托叶大部与叶柄连生，边缘有羽状裂片和腺毛。花单生，或数朵聚生成伞房状。深红至淡红色，偶白色，重瓣。蔷薇果，卵圆形或梨形，红色，萼片宿存。

蔷薇（*Rosa muliflora*）：灌木。茎细长，有皮刺。奇数羽状复叶，托叶两枚与叶柄基部愈合。花红色或白色，伞房圆锥花序。取 1 朵花观察，外轮 5 枚萼片，有时可再分离成数片；花瓣先端凹入，有时因部分雄蕊变成花瓣，而出现重瓣；雄蕊多数着生花托边缘，花丝内曲。蔷薇果。

玫瑰（*Rosa rugosa*）：灌木。小枝密被细长、微拱曲或直立皮刺。奇数羽状复叶，小叶 5~9 枚，表面有皱纹；托叶边缘有细锯齿，大部分与叶柄合生。花柱离生，微伸出花托筒口。

草莓（*Fragaria ananassa*）：草本。三出掌状复叶，表面疏生柔毛。花白色，花托呈球状，肉质多汁，成熟时为红色，聚合果可食用。

3. 李亚科（Prunoideae）

（1）主要特征　木本。单叶，有托叶。心皮常为 1 个，子房上位，周位花，胚珠 1~2，花托杯状，核果。

（2）代表及常见植物

桃（*Prunus persica*）：落叶小乔木。高 4~8 m。叶卵状披针形或圆状披针形，长 8~12 cm，宽 3~4 cm，边缘具细密锯齿，叶柄顶端与叶片之间有腺体。花单生，先叶开放，近无柄；萼片、花瓣各 5，萼筒钟状，有短茸毛，裂叶卵形；花瓣粉红色，倒卵形或矩圆状卵形；雄蕊多数，离生，短于花瓣；心皮 1，稀 2，有毛。核果卵球形，有沟，有茸毛，果肉多汁，不开裂。

李（*Prunus salicina*）：小乔木。叶常为椭圆状倒卵形，叶缘具重钝锯齿，花白色，常 3 朵同生。核果，光滑无毛。

杏（*Prunus armeniaca*）：叶卵形至近圆形，花白色，果杏黄色，开于叶前，子房和果实常被短毛。

梅（*Prunus mume*）：小枝细长，绿色，叶卵形，长尾尖，花白色或淡红色。果黄色。

4. 苹果亚科（Maloideae）

（1）主要特征　木本，有托叶。子房下位，心皮 2~5 个，与下陷成壶状的花托内壁愈合。中轴胎座，每室有 1~2 胚珠。梨果。

（2）代表及常见植物

苹果（*Malus pumila*）：乔木。树干灰褐色，老皮有不规则的纵裂或片状剥落，小枝光滑。单叶互生，椭圆形至卵圆形，长 4.5~10 cm，有圆钝锯齿；叶柄长 1.5~3 cm。伞房花序有花 3~7 朵，花梗长 1~2.5 cm；花白色或带粉红色，5 基数，雄蕊多数，心皮 5 个，合生，子房与花托愈合，柱头分离。子房下位，5 室。梨果扁球形，两端凹陷，萼裂片宿存。

沙梨（*Prunus pyrifolia*）：果为褐色，叶卵状椭圆形或卵形，花白色，基部常为圆形或心形。

贴梗海棠［*Chaenomeles speciosa*（Sneet）Nakai］：落叶灌木。有枝刺，花大，柄短，淡红色。

石楠（*Photinia serrulata*）：小乔木或灌木。叶革质，边缘锯齿细密而尖锐，叶表面深绿色而有光泽，背面黄绿色而被有白粉，花序伞房状，花白色，梨果红色，子房半下位。

（二）豆科（Leguminosae）

叶常为羽状复叶或三出复叶，有叶枕。花冠多为蝶形或假蝶形，雄蕊为2体、单体或分离，雌蕊由1心皮构成。果实为荚果。

豆科可分为3个亚科。

1. 含羞草亚科（Mimosoideae）

（1）主要特征　木本，少草本。一至二回羽状复叶。花辐射对称，花瓣镊合状排列，雄蕊多数。

（2）代表及常见植物

合欢（*Albizzia julibrissin*）：乔木。小枝褐色，无毛。二回羽状复叶，互生，羽片4~12对，小叶10~30对，镰刀形，中脉极显著地偏向叶片的上侧，入夜闭合，托叶早落。头状花序生于新枝顶端，由多数头状花序排列成伞房状；小花近无梗，萼5裂，钟形；花瓣5，中部以下结合成管状，淡黄绿色，辐射对称；雄蕊多数，花丝细长，呈粉红色，基部结合，花药小；子房上位，花柱与花丝等长。荚果扁平，带状；含种子十多粒。

含羞草（*Mimosa pudica*）：草本，分枝多。叶为二回羽状复叶，羽片2~4个，掌状排列。头状花序长圆形，淡红色，花瓣4，雄蕊4，子房无毛，荚果。

2. 云实亚科（Caesalpinioideae）

（1）主要特征　一至二回羽状复叶，稀单叶。花两侧对称；花冠假蝶形，花瓣在芽中为上升覆瓦状排列，在上的旗瓣最小，位于最内方，雄蕊10枚，分离。

（2）代表植物

皂荚（*Gleditsia sinensis*）：乔木，高达15~30 m。树干皮灰黑色，浅纵裂，干及枝条常具刺，刺圆锥状多分枝，粗而硬直，小枝灰绿色，皮孔显著，冬芽常叠生，一回偶数羽状复叶，有互生小叶3~7对，小叶长卵形，先端钝圆，基部圆形，稍偏斜，薄革质，缘有细齿，背面中脉两侧及叶柄被白色短柔毛，杂性花，腋生，总状花序，花梗密被茸毛，花萼钟状被茸毛，花黄白色，萼瓣均4数。荚果平直肥厚，长达10~20 cm，不扭曲，熟时黑色，被霜粉。荚果煎汁可以代皂。

紫荆（*Cercis chinensis*）：小乔木或灌木。单叶，叶基心形。花紫红色，萼片

5枚，基部联合，假蝶形花冠，雄蕊10枚，分离。荚果扁平。

云实（*Caesalpinia sepiaria* Roxb.）：有刺灌木，常蔓生。二回羽状复叶。

3. 蝶形花亚科（Papilionoideae）

（1）主要特征　多羽状复叶或羽状3小叶，有时有卷须。花两侧对称，蝶形花冠，花瓣在芽中为下降覆瓦状排列，即在上部的一旗瓣位于最外方。雄蕊10枚，二体雄蕊、单体雄蕊或10枚分离。雌蕊花柱与子房成一定角度。

（2）代表植物

刺槐（*Robinia pseudoacacia*）：乔木。奇数羽状复叶，互生，有托叶刺。总状花序腋生，花白色，芳香。解剖1朵花观察，花萼钟形，有5裂片，蝶形花冠，最大一片为旗瓣，两侧的为翼瓣，里面两片稍联合的为龙骨瓣；雄蕊10，子房上位，边缘胎座。荚果，成熟后黑褐色。

蚕豆（*Vicia foba*）：草本，茎近方形。偶数羽状复叶。总状花序，旗瓣有黑紫色斑条纹，翼瓣有浓黑斑纹。

大豆（*Glycine max*）：全株有毛，三出复叶。总状花序腋生，有2~10朵花。荚果密生硬毛。

花生（*Arachis hypogaea*）：草本。叶为偶数羽状复叶，小叶4个。花小，黄色，单生于叶腋，或2朵簇生。受精后子房柄迅速伸长，向地面弯曲，使子房插入土中，膨大而成荚果。

苦参（*Sorphora flavescens*）：小叶25~29个，披针形，花淡黄色，荚果串珠状。

（三）大戟科（Euphorbiaceae）

（1）主要特征　常具乳汁，单叶互生，叶基部常有2个腺体。杯状聚伞花序；花单性，雌雄同株或异株，雌蕊由3心皮合成，子房上位，中轴胎座。蒴果，种子有明显的种阜。

（2）代表植物

蓖麻（*Ricinus communis*）：灌木状草本，高2~5 m。叶互生，盾状圆形，掌状分裂。雌雄同株，总状或圆锥状花序顶生，下部生雄花，上部生雌花；花被3~5裂；雄花雄蕊多数，多体雄蕊；雌花子房卵形，密生刺状物，3室，柱头羽毛状。蒴果，常具软刺，熟后开裂。

泽漆（*Euphorbia helioscopia*）：草本，有乳汁。单叶互生，倒卵形或匙形，茎顶有5片叶轮生。5个分枝呈伞形，每分枝再有3个分枝。杯状聚伞花序，每个杯状聚伞花序外围都有绿色杯状总苞，顶端4个蜜腺，花序中每朵雄花仅具1雄蕊，无花被；雌花位于中央，子房上位，3心皮组成3室，柱头3裂，显露苞外。蒴果无毛。种子卵形，表面具凸起的网纹。

一品红（*Euphorbia pulcherrima*）：灌木。叶提琴形，上部叶鲜红色。杯状总苞有一金鱼嘴状腺体。

大戟（*Euphorbia pekinensis*）：茎被白色短柔毛，叶椭圆状披针形至披针形。蒴果表面有瘤状突起。

（四）芸香科（Rutaceae）

（1）主要特征　常绿木本植物，茎常具刺。单叶或复叶，无托叶，具油腺点。花具花盘，萼片花瓣常4~5片，子房上位。果多为柑果或浆果。

（2）代表植物

枸橘（*Poncirus trifoliata*）：灌木，有分枝甚多的刺状绿色扁形小枝。三出复叶，叶柄具刺，注意观察小叶含油点。花单生或对生于叶腋。取1朵花观察，花白色、萼片、花瓣各5枚，雄蕊5至多数，离生，雄蕊与子房之间具有花盘，子房6~8室，每室4~8胚珠，2列，花柱粗短，柱头增大呈头状，中轴胎座。柑果球形，密被短柔毛，熟时黄色。

花椒（*Zanthoxylum bungeanum*）：小乔木或灌木状。树干常有扁刺及瘤状突起，枝具宽扁皮刺。小叶5~9，下面中脉有小皮刺。聚伞圆锥花序，花单性，无花瓣。蓇葖果。

柑橘（*Citrus reticulata* Blanco.）：小乔木，枝刺短小或无。单身复叶。花白色，单生或2~3朵簇生叶腋，两性花，雄蕊花丝基部3~5枚合生成束（常5束）。柑果橙黄或橙红色，内果皮肉质化，食用。

橙（*C. sinensis*）：果皮紧贴果肉，彼此不易分离。

柠檬（*C. limonia*）：叶柄有边，但不成翅状，果长卵形。

（五）伞形科（Umbelliferae）

（1）主要特征　草本，茎常中空。叶互生，叶柄基部扩大成鞘状抱茎。伞形或复伞形花序，两性花，5基数，子房下位。双悬果。

（2）代表植物

胡萝卜（*Daucus carota*）：草本植物，全株有粗硬毛。叶丛生于短缩茎上，2~3回羽状全裂，小裂片条形至披针形。顶端各着生1复伞形花序。异花传粉。双悬果，肉质根有长筒、短筒、长圆锥及短圆锥等不同形状，黄、橙、橙红、紫等不同颜色。果实具刺或刚毛。

野胡萝卜（*Daucus carota*）：草本，根肉质。叶互生，二至三回羽状全裂，叶柄基部扩大为鞘状抱茎，无托叶。复伞形花序顶生，基部有许多深裂的总苞片，各个单伞形花序的基部有许多条形小总苞片。花萼5齿裂，极小，花瓣白色，5枚，与萼互生，雄蕊5与花瓣互生，雌蕊位于中央，由2心皮组成，有两条花柱，基部膨大，形成花柱基，下位子房2室，每室1粒胚珠，着生于子房顶端。双悬果。

芫荽（*Coriandrum sativum*）：植物体有特殊气味，茎细长，光滑。叶裂片卵形或条形。复伞形花序不具总苞。

窃衣（*Torilis scabra*）：叶二回羽状分裂，裂片披针形。花白色，不具总苞。双悬果具刺，易附着人衣和动物体。

芹菜（*Apium graveolens*）：叶一至二回羽状全裂，裂片卵圆形。花绿白色，无总苞和小苞。果球形，无刺毛，菜用。

茴香（*Foeniculum vulgare*）：叶裂片丝状。花黄色，无总苞和小苞片。双悬果椭圆形。茎叶作蔬菜，果作调料。

四、实验报告（作业）

绘刺槐花的蝶形花冠图，并注明各部分名称。

列表比较蔷薇科各亚科在花托类型、子房位置、心皮数和果实类型等方面主要区别。

列表比较豆科各亚科的主要区别。

分别写出所观察植物的花程式。

五、思考题

蔷薇科、豆科、大戟科、芸香科和伞形科的主要识别特征是什么？

写出本地区几种常见的蔷薇科、豆科、大戟科、芸香科和伞形科的植物。

实验十六　被子植物分科（六）
——菊亚纲（茄科、旋花科、唇形科、木樨科、玄参科、桔梗科、菊科）

一、实验目的和要求

通过实验，掌握菊亚纲植物的代表科茄科、唇形科、桔梗科和菊科的主要特征。

能认识茄科、旋花科、唇形科、木樨科、玄参科、桔梗科和菊科等科的重要经济植物。

能识别当地菊亚纲的常见植物。

二、实验材料和用具

【实验材料】 龙葵、茄、益母草、丹参、桔梗、一串红、向日葵、蒲公英等具花果的新鲜标本、蜡叶标本或液浸标本。

【实验用具】 显微镜、解剖镜、放大镜、双面刀片、镊子、刀片、解剖刀、解剖针、玻璃皿、载玻片、盖玻片等。

三、实验内容与方法

（一）茄科（Solanaceae）

（1）龙葵（*Solanum nigrum*）　取龙葵具花果的植株观察。龙葵为一年生草本，茎直立，多分枝。叶互生，卵形，全缘，基部楔形而沿叶柄下延，无托叶。蝎尾状花序腋外生，一般3~6朵花组成，花柄下垂。花两性、整齐，花萼绿色，5裂，宿存。花冠白色，5裂，裂片与花冠等长或稍过之。雄蕊5数，着生在花冠筒上，与花冠筒裂片互生，花丝短，花药黄色，相互靠合，顶孔开裂。子房上位，横切子房，观察子房室数和胚珠的着生情况；是什么胎座？子房2室或被假隔膜隔成不完全的4室，胚珠多数。浆果球形，熟时黑色，内藏多数种子。

观察完毕，请写出花程式：_____。

（2）辣椒（*Capsicum annuum*）　取辣椒具花、果植株或植株图片观察。草本、单叶互生，花单生于叶腋或枝腋，两性，辐射对称，萼常5裂或平截，宿存，可随果增大；花冠5裂，呈幅状，雄蕊5枚，着生在花冠裂片上，与花冠裂片互生。子房上位，2心皮，1室，特立中央胎座，胚珠多数，柱头头状或2浅裂。浆果，种子盘形。

观察完毕，请写出花程式：_____。

（3）茄（*Solanum melongena*）　取茄具花、果植株或图片观察，与龙葵比较。主要观察花的特征，注意萼片、花瓣数目，花冠类型；雄蕊数目以及与花冠裂片的位置关系，花药开裂方式；横切子房，观察心皮及子房室数目，判断胎座类型和果实类型。

（4）本科其他植物种类的观察　番茄（*Lycopersicon esculentum*）：羽状复叶或羽状分裂，具柔毛或腺毛；聚伞花序，腋外生；花黄色；浆果多汁。

烟草（*Nicotiana tabacum*）：花冠长管状漏斗形，蒴果。

枸杞（*Lycium chinense*）：具刺，花淡紫色，浆果红色。

曼陀罗（*Datura stramonlum*）：花单生，白色，具长筒；蒴果具刺。

（二）旋花科（Convolvulaceae）

（1）红薯（*Lpontoea batatus*）　取红薯植株观察。多年生草质藤本，匍匐茎、具乳汁，茎节产生不定根，单叶、宽卵形或心脏卵形、互生、全缘，无托叶。花两性，辐射对称，花红紫或白色，成腋生聚伞花序，花冠钟状漏斗形，裂片5，萼片5，常宿存。雄蕊5个，插生于花冠基部。雌蕊多为2个心皮合生，子房上位，2室。蒴果。

观察完毕，请写出花程式：＿＿＿＿＿＿＿＿＿＿＿＿＿＿＿＿＿＿＿。

(2) 小旋花（*Calystegia haderacea*） 取小旋花具花、果的植株观察。多年生蔓生草本，茎细弱，缠绕或匍匐，具乳汁。叶互生，具长柄。花腋生，苞片2枚、卵圆形，包住花萼，萼片5枚；花冠漏斗状，淡红色；雄蕊5枚，贴生于花冠基部，与花冠裂片互生；雌蕊1枚，柱头2裂，子房上位，2室，每室2枚胚珠。蒴果，卵圆形。

观察完毕，请写出花程式：＿＿＿＿＿＿＿＿＿＿＿＿＿＿＿＿＿＿＿。

(3) 田旋花（*Convolvulus arvensis*） 观察田旋花新鲜植株及花果。注意从叶形、花的颜色、苞片位置及大小等方面与小旋花区别。

观察完毕，请写出花程式：＿＿＿＿＿＿＿＿＿＿＿＿＿＿＿＿＿＿＿。

(三) 唇形科（Lemiaceae，Labiatae）

(1) 益母草（*Leonurus heterophyllus*） 取益母草具花、果的植株观察。益母草茎方形、叶对生、叶形变化很大，茎下部叶卵形，掌状三裂，其上再分裂；中部叶常三裂呈矩圆形裂片；花序上的叶呈条形或条状披针形。花多数，排成轮伞花序，腋生，下部有一针状小苞片。花柄极短或缺，花萼筒状钟形，有脉5条，萼筒先端5裂；花冠2，唇形，粉红至淡紫色，上层直立，全缘，下唇3裂。雄蕊4个，2长2短，着生于花冠管上，花药球形，2室纵裂；子房上位；着生于球状的肉质花盘上，花柱细长，着生于子房裂片部的中央底部，柱头2裂；花萼宿存包被果实，果实分离为4个小坚果，黑褐色。

观察完毕，请写出花程式：＿＿＿＿＿＿＿＿＿＿＿＿＿＿＿＿＿＿＿。

(2) 薄荷（*Mentha haplocalyx*） 取薄荷植株观察。多年生草本，有强烈清凉香气；茎呈四棱形，叶对生，叶片长卵形，具腺体；花两性，两侧对称，轮伞花序腋生，花冠淡紫色，4裂。花萼合生，通常5裂，宿存，花冠唇形，通常上唇2裂，下唇3裂，少为假单唇形或单唇形，二强雄蕊，贴生在花冠管上，花药2室，纵裂；雌蕊子房上位，2心皮，4深裂成假4室，每室含1枚胚珠，花柱着生于4裂子房隙中央的基部，柱头2浅裂。4枚小坚果。

观察完毕，请写出花程式：＿＿＿＿＿＿＿＿＿＿＿＿＿＿＿＿＿＿＿。

(3) 夏至草（*Lagopsis supina*） 取夏至草具花、果植株观察。二年生草本，茎四棱，被微柔毛。叶对生，掌状三深裂，裂片有钝齿形小裂，基生叶柄长，茎生叶柄短。花生于叶腋，排成1圈，轮伞花序。花两性，左右对称；花萼管状钟形，5 脉 5 齿，齿端有刺；花冠二唇形，花冠筒包于萼筒内，上唇直伸，比下唇长，全缘，下唇 3 裂；雄蕊 4 枚，二强雄蕊；花柱顶端 2 裂，子房上位，2 心皮，合生，深裂成 4 室，每室 1 胚珠。4 小坚果，长卵圆形。

观察完毕，请写出花程式：_____。

（4）一串红（*Salvia splendens*） 取一串红具花、果植株观察。与夏至草的特征比较，着重注意花萼的颜色及雄蕊的特点。

观察完毕，请写出花程式：_____。

（5）丹参（*S. miltiorrhiza*） 取具花、果的丹参植物进行观察。茎是否为四棱茎，叶是否对生，是否轮伞花序顶生；花冠是否为二唇形，上唇和下唇各为几裂，展开花冠，观察雄蕊的数目和着生位置，能育的花药有几个，药隔和花丝是什么形状，如何着生？想想对昆虫传粉有什么适应意义？雌蕊由几心皮组成，花柱如何着生，子房是否为 4 深裂。

观察完毕，请写出花程式：_____。

（四）木樨科（Oleaceae）

（1）桂花（*Osmantus fragrans* Lour） 常绿。灌木或小乔木。单叶，椭圆形至椭圆状披针形，叶基部楔形，顶端急尖或渐尖；花序簇生于叶腋，花萼 4 裂，花冠白色，极芳香，4 裂；雄蕊 2 枚，花丝极短，子房上位，2 心皮，2 室，核果椭圆形，紫黑色。在栽培品种中，花橙黄色的称"丹桂"，花淡黄色的称"银桂"。

观察完毕，请写出花程式：_____。

（2）连翘（*Forsythia suspense*） 为灌木，小枝褐色，常中空。取连翘具花、果的新鲜枝条或蜡叶标本观察，单叶对生，常 3 裂，或为具羽状三出复叶，叶缘除基部外有不整齐锯齿。花先叶开放，1 朵至多朵腋生，黄色。花萼 4 深裂，与花冠筒等长；花冠 4 裂，花冠筒内有橘红色的条纹；雄蕊 2 枚，着生在花冠筒的基部；雌蕊 1 枚，柱头 2 裂，子房具 2 室。蒴果，开裂后可见有许多带翅种子。观察完毕，请写出花程式：_____。

（3）紫丁香（*Syringa oblata*） 灌木或小乔木。取紫丁香具花、果新鲜枝条或蜡叶标本观察，枝条无毛，单叶对生，全缘；叶薄革质或厚纸质，卵圆形至肾形，先端渐尖，基部心形。花序由侧芽发育而成（花序种类？）。花两性，花萼小，钟形，有 4 齿，宿存，花冠高脚杯状，花冠筒部长圆形，4 枚裂片开展；雄蕊 2 枚，藏于花冠筒内；柱头 2 裂，花柱单一，子房上位，2 心皮 2 室（胎座种类？）。蒴果。

观察完毕，请写出花程式：_____。

（4）白丁香（*Syringa oblata var. affinis*） 紫丁香的变种，与紫丁香的主要区

别是：叶较小，叶背有细柔毛或无毛；叶缘有微细毛。花白色。

观察完毕，请写出花程式：＿＿＿＿＿＿＿＿＿＿＿＿＿＿＿＿＿。

（五）玄参科（Scrophulariaceae）

（1）毛泡桐（*Paulownia tomentosa*） 为落叶乔木。取毛泡桐具花、果的新鲜枝条及图片观察，小枝绿褐色，具长腺毛。单叶对生，叶大，卵形或心脏形，基部心形，全缘或3~5浅裂，上面毛稀疏，下面毛密生，毛呈树状分枝。花先叶开放，聚伞圆锥花序的侧枝不发达，小聚伞花序有3~5朵花，有与花梗等长的总花梗。花两性，两侧对称；花萼革质，5裂，钟形；花冠淡紫色，漏斗状钟形，唇形花冠，雄蕊4枚，2长2短，二强雄蕊，着生在花冠上；心皮2，合生，子房上位，2室。蒴果，卵圆形。

观察完毕，请写出花程式：＿＿＿＿＿＿＿＿＿＿＿＿＿＿＿＿＿。

（2）地黄（*Rehmannia glutinosa*） 草本。全株密被灰白色或淡褐色长柔毛及腺毛。取地黄具花、果的植株观察，叶通常基生，倒卵形至长椭圆形，边缘具不整齐的钝齿；茎生叶很少，互生。总状花序顶生，密被腺毛；苞片叶状，花萼5裂；花冠筒状，外面紫红色，内面黄色有紫斑，顶部二唇形，上唇2裂片反折，下唇3裂片伸直；2强雄蕊着生于花冠筒近基部；子房卵形，幼时2室，老时因隔膜撕裂而成1室，含多数胚珠。注意观察子房位置、心皮数目，并判断果实类型。

观察完毕，请写出花程式：＿＿＿＿＿＿＿＿＿＿＿＿＿＿＿＿＿。

（3）金鱼草（*Antirrhinum majus*） 为多年生草本，高可达1 m，茎圆柱形。取金鱼草具花、果的植株观察，叶长圆状披针形或披针形，基部楔形，全缘，光滑。总状花序，长约25 cm，花具短梗，花萼5裂，花冠筒状唇形，紫红、粉红、黄色和白色，基部膨大，喉部闭合，上唇2裂，下唇3裂，内具长绒毛。雄蕊4枚，2长2短，心皮2，子房上位，2室，每室多数胚珠。蒴果龙头形（花柱宿存）。

观察完毕，请写出花程式：＿＿＿＿＿＿＿＿＿＿＿＿＿＿＿＿＿。

（六）桔梗科（Campanulaceae）

（1）桔梗（*Platycodon grandiflorus*） 草本，直根粗大，圆锥形。取具有花和果实的桔梗植株进行观察，茎直立，上部少分枝，折断有白浆；茎下部叶常对生，或3~4片轮生，近无柄，长卵形，上部叶互生；花顶生，单一或数朵集成疏总状，花萼5裂，花冠钟形，雄蕊5，花丝基部膨大而彼此相连，子房下位，观察雌蕊的花柱和柱头，然后切子房，观察子房室和胎座。蒴果倒卵形，顶端5瓣裂。

观察完毕，请写出花程式：＿＿＿＿＿＿＿＿＿＿＿＿＿＿＿＿＿。

（2）党参（*Codonopsis pilosula*）　草质藤本，有白色乳汁，叶互生，花1~3朵生分枝顶端，花萼5裂，花冠淡黄绿色，5裂，雄蕊5枚，子房半下位，3室，蒴果3瓣裂，有宿存花萼。

如果是观察生活的植株，该科植物具有乳汁。

（七）菊科（Asteraceae，Compositae）

1. 管状花亚科（Tubiflorae）

（1）向日葵（*Helianthus annuus*）　为一年生草本，茎直立，不分枝，具粗壮短硬毛。取向日葵具花序植株观察，单叶互生，卵形，具长柄，大型头状花序有随太阳旋转的特性。头状花序常单生于茎顶端，直径可达25~35 cm；花序外围有多列苞片，称为总苞。花序中的花有两种类型：一种是着生于花序边缘；花瓣黄色，称为舌状花，舌状花花冠唇状，但上唇2个花瓣退化，仅下唇3瓣合生成片状；黄色，下端有浅裂，萼片2~3，微小；花中无雄蕊和完全雌蕊，仅具一下位的子房，称为中性花。注意观察花的对称性；另一种生于花序中部；花瓣连合成管状，称为管状花，管状花萼片退化成鳞片状，5片花瓣结合成管状，辐射对称，雄蕊5，生于花冠管上，花丝分离，花药聚合（聚药雄蕊），围绕花柱形成花药管，雌蕊由2枚心皮结合而成，子房下位；纵剖子房，可见1室1胚珠，基底胎座；果实为瘦果，倒卵形，灰棕色或黑色，种子无胚乳、子叶肉质。取一个已开放的花序观察，开花的顺序是怎样的？是有限花序还是无限花序？

观察完毕，请写出花程式：_____。

（2）金盏菊（*Calendula officinalis*）　取金盏菊具花序植株，与向日葵比较观察，着重注意组成花序的边花及盘花的性别。

观察完毕，请写出花程式：_____。

（3）菊花（*Dendranthema morifolium*）　头状花序既有舌状花，又有管状花。

2. 舌状花亚科（Ligullflorae）

（1）蒲公英（*Taramacum mongolicum*）　取具花序的蒲公英植株观察。蒲公英为草本，折断茎叶时有乳汁流出。叶莲座状平展，基生，匙形或倒披针形。倒向羽状浅裂或深裂。由叶腋抽出数个花葶，与叶近等长，上端密被蛛丝状毛。总苞2层，钟形、绿色。比较一下内外层总苞片有何区别。头状花序单生于中空的花茎顶端，花序中全部花均为舌状，黄色。舌状花两性，花冠为5片花瓣合生而成，扁平，先端微5浅裂，雌蕊和雄蕊的构造和向日葵的管状花基本相同，但花萼则变成冠毛、白色；子房下位，先端延长成绿。果实为瘦果，倒披针形或纺锤形，有棱，具多刺状突起，成熟的果实顶端成细长的喙，将冠毛脱离子房成伞，果实靠冠毛随风传播。

观察完毕，请写出花程式：_____。

（2）莴苣（*Lactuca sativa*） 头状花序全为舌状花。

四、实验报告（作业）

绘龙葵或辣椒或茄等植物花的纵剖图，注明各部分结构的名称。

绘向日葵管状花的外形图，注明各部分结构的名称。

五、思考题

菊科的识别要点及两个亚科的主要区别。

茄科、旋花科、唇形科、玄参科、桔梗科、木樨科和菊科各有何重要特征？各有哪些重要的药用植物？

为什么说菊科是双子叶植物中最进化、最高等的一个科。

实验十七　被子植物分科（七）
——单子叶植物纲（泽泻科、棕榈科、天南星科、莎草科、禾本科、百合科、鸢尾科、兰科）

一、实验目的和要求

了解并掌握单子叶植物常见科的主要特征及代表种类。

了解并掌握单子叶植物纲与双子叶植物纲的主要区别。

了解莎草科代表植物的营养体及花果的构造与禾本科植物的主要区别。

掌握泽泻科、棕榈科、天南星科、莎草科、禾本科、百合科、鸢尾科和兰科的主要特征。

能识别当地常见的单子叶植物种类。

二、实验材料和用具

【实验材料】 水稻、小麦、纤毛鹅观草、葱、百合、鸢尾、唐菖蒲等具花、果的新鲜标本、蜡叶标本或液浸标本。

【实验用具】 显微镜、解剖镜、放大镜、载玻片、盖玻片、镊子、刀片、解剖针。

三、实验内容与方法

(一) 泽泻科 (Alismatidae)

(1) 泽泻 (*Alisma orientale*) 取具花、果的泽泻植株进行观察。水生多年生草本，具地下球茎。叶全部基生；叶柄长，基部鞘状；叶椭圆形、长椭圆形或宽卵形，顶端渐尖、锐尖或凸尖，基部心形、近圆形或楔形。花葶直立，花轮生呈伞状，集成大型圆锥花序；花两性；外轮花被片3，萼片状，宽卵形，内轮花被片3，花瓣状，白色，较外轮小；雄蕊6；心皮多数，轮生，花柱较子房短或等长，弯曲。瘦果，花柱宿存。

观察完毕，请写出花程式：_____。

(2) 慈姑 (*Sagittaria sagittifolia*) 多年生直立水生草本，常栽培。有匍匐枝，枝端膨大成球茎。叶具长柄，叶形变化极大，通常为戟形，宽或窄，顶端钝或短尖，基部裂片短、与叶片等长或较长，多少向两侧开展。总状花序，花3~5朵为一轮，单性，下部为雌花，具短梗，上部为雄花，具细长花梗；苞片披针形；外轮花被片3，萼片状，卵形，顶端钝；内轮花被片3，花瓣状，白色，基部常有紫斑；雄蕊多枚，心皮多数，密集呈球形。瘦果，背腹两面有翅。

观察完毕，请写出花程式：_____。

(3) 矮慈姑 (*Sagittaria pygmaee*) 沼生草本植物，具球茎。叶片条形，基生。花茎直立，花轮生，单性，雌花常1朵，无梗，生于下轮；雄花2~5朵；外轮花被片3，萼片状，卵形；内轮花被片3，花瓣状，白色，较外轮大；雄蕊12，花丝扁而宽；心皮多数，集成圆球形。瘦果，具翅，翅缘有锯齿。

观察完毕，请写出花程式：_____。

(二) 棕榈科 (Areacaceae 或 Palmae)

(1) 棕榈 (*Trachycapus fortunci*) 对棕榈植株或图片进行观察，棕榈为乔木。茎有残存不易脱落的老叶柄，基部密集的网状纤维。叶掌状深裂；裂片多数，条形，顶端浅2裂，钝头，不下垂，有多数纤细的纵脉纹；叶柄细长，顶端有戟突，叶鞘纤维质，网状，暗棕色，宿存。肉穗花序排成圆锥花序式，腋生，总苞多数，革质，被锈色茸毛；花小，黄白色，雌雄异株，花被片6，排成2轮，雄蕊6，2轮，雌蕊由3心皮组成，子房上位，每室1胚珠。核果肾状球形，蓝黑色。

观察完毕，请写出花程式：_____。

(2) 椰子 (*Cocos nucifera*) 对椰子植株进行观察，椰子为常绿乔木。叶羽状全裂，裂片条状披针形，基部明显的外向折叠。肉穗花序腋生，多分枝，雌雄同株，雄花聚生于分枝上部，雌花散生于下部；与棕榈比较其雌、雄花有何特征？坚果倒卵形或近球形，顶端微具3棱，外果皮革质，中果皮厚而纤维质

(椰壳），内果皮骨质，近基部有3萌发孔；种子1颗，种皮薄，紧贴着白色坚实的胚乳（椰肉），胚乳内有1富含液汁的空腔；胚基生。

观察完毕，请写出花程式：＿＿＿＿＿＿＿＿＿＿＿＿＿＿＿＿。

（3）槟榔（*Areca cathecu*）　常绿乔木，茎基部略膨大。叶羽状全裂；裂片狭长被针形，顶端渐尖呈不规则齿裂，两面光滑。肉穗花序生于叶鞘束下，多分枝，排成圆锥花序式，雌、雄同株，上部着生雄花，下部着生雌花；雄花小，有6枚雄蕊和3枚退化雌蕊；雌花大，有6枚退化雄蕊，注意观察雌花有何特征？果长椭圆形，基部有宿存的花被片，橙红色，中果皮厚，纤维质，种子卵形，基部平坦。

观察完毕，请写出花程式：＿＿＿＿＿＿＿＿＿＿＿＿＿＿＿＿。

（三）天南星科（**Araceae**）

（1）水芋（*Calla Palustris*）　观察具花水芋植株。水芋具根状茎，叶心形，顶端尖，叶柄长，基部具鞘。花序长，佛焰苞宽卵形至椭圆形，顶端凸尖至短尾尖，宿存，肉穗花序短圆柱形，具梗，花大部分为两性，仅花序顶端者为雄性，无花被；雄蕊约为6枚，花丝扁平，约等长于子房，花药2室，子房1室，具6~9个胚珠。浆果靠合，橙红色。

观察完毕，请写出花程式：＿＿＿＿＿＿＿＿＿＿＿＿＿＿＿＿。

（2）马蹄莲（*Zantedeschia acthiopica*）　取马蹄莲具花植株观察。马蹄莲具根状茎草本。叶心状箭形或箭形，有长叶柄。总花梗与叶等长，具佛焰苞，下部成短筒状，上部宽张，顶端具略反转的骤尖，白色或乳白色；肉穗花序甚短于佛焰苞，下部具雌花。雌花具雌蕊和数个退化雄蕊，上部具雄花，比雌花部分长约4倍，雄花具2~3雄蕊，肉穗花序顶端无附属体。注意观察花被片数目，雌蕊的组成情况？

观察完毕，请写出花程式：＿＿＿＿＿＿＿＿＿＿＿＿＿＿＿＿。

（3）菖蒲（*Acorus calamus*）　对具花菖蒲植株观察。菖蒲生于浅水池塘，水沟及溪涧湿地。根状茎粗大，横卧。叶剑状条形，具明显突起的中脉，基部叶鞘套折，有膜质边缘。花葶基出，短于叶片，稍压扁，佛焰苞叶状。肉穗花序圆柱形，花两性，花被片6，顶平截而内弯；雄蕊6，花丝扁平，约等长于花被，花药淡黄色，稍伸出于花被；子房顶端圆锥状，花柱短，3室，每室具数个胚珠。果紧密靠合，红色。注意观察雌蕊的组成，心皮数目。

观察完毕，请写出花程式：＿＿＿＿＿＿＿＿＿＿＿＿＿＿＿＿。

（4）魔芋（*Amorphophallus rivieri*）　块茎扁圆形。先花后叶，叶1枚，具3小叶，小叶二歧分叉，裂片再羽状深裂，小裂片椭圆形至卵状矩圆形，基部楔形，一侧下延于羽轴呈狭翅，叶柄较长，青绿色，有暗紫色或白色斑纹，佛焰苞卵形，下部呈漏斗状筒形，外面绿色而有紫绿色斑点，里面黑紫色；肉穗花序，下部具雌花，上部具雄花，两部分约相等长，附属体圆柱形，柱头微3裂。仔细观察雌、雄蕊，注意雄蕊数目、心皮数目、胎座类型、子房室和胚珠数目。

观察完毕，请写出花程式：＿＿＿＿＿＿＿＿＿＿＿＿＿＿＿＿＿＿＿。

（四）莎草科（Cyperaceae）

（1）香附子（*Cyperus rotundus*）　取具花、果的莎草植株进行观察。多年生草本，地下有匍匐根状茎或椭圆状块茎，外皮暗褐色，折断后有香气，供药用，中药称香附子。茎3棱，实心。叶条形，着生于秆上排成3列；叶鞘封闭，小穗条形，常3~8列成穗状花序，再集合呈伞形花序。苞片3~6叶状，每一小穗有鳞片（常称为颖片）；两性花、雄蕊3个，雌蕊柱头长，3裂；小坚果三棱形，光滑。

观察完毕，请写出花程式：＿＿＿＿＿＿＿＿＿＿＿＿＿＿＿＿＿＿＿。

（2）荸荠（*Eleocharis tuberosa*）　取荸荠标本进行观察。多年生草本。地下有根状茎和球茎，称"荸荠"，地上茎丛生直立，圆柱状，有节，节上生膜状退化叶，在秆的基部有叶鞘。小穗1个，顶生，有多数花；鳞片螺旋状排列，基部2鳞片内无花，最下1枚鳞片抱小穗基部一周，其余鳞片内均有花，宽矩圆形或卵状矩圆形，灰绿色，有棕色细点。小坚果倒卵形。

观察完毕，请写出花程式：＿＿＿＿＿＿＿＿＿＿＿＿＿＿＿＿＿＿＿。

（五）禾本科（Poaceae Gramineae）

（1）小麦（*Triticum aestivum*）　草本，6~7节，节间中空。取小麦具花序的植株观察，单叶互生，2列，具平行脉，叶片基部包围着秆，常一边开裂，称为叶鞘，叶鞘通常短于节间，叶鞘与叶片相接处的内面常有一膜质小片，称为叶舌，叶舌短小，膜质；叶鞘顶端的两侧具薄质耳状，称为叶耳。穗状花序顶生，由多数小穗组成，小穗两侧压扁。花序轴有节，小穗即着生于节上。取下1个小穗，可见小穗基部有2枚颖片，近革质，每小穗有3~9朵花，生于上部的小花常不结实。取下1朵中部的小花，剖开内外稃片，可见2枚浆片及3枚雄蕊；子房上位，羽毛状柱头2裂，子房1室1胚珠。颖果卵形，成熟时与内、外稃分离，背部有明显的脊。果的果皮与种皮愈合，颖果顶端具毛，种子内有大量粉质胚乳，胚细小。

观察完毕，请写出花程式：＿＿＿＿＿＿＿＿＿＿＿＿＿＿＿＿＿＿＿。

（2）水稻（*Oryza sativa*）　营养体与小麦基本相似，但叶鞘较节间为长；叶舌膜质而较硬，2深裂，裂片披针形，基部两侧下延与叶鞘边缘相结合，幼苗具明显的叶耳；花多数，排成疏散的圆锥花序，弯曲或点垂，花序轴分支多次，小穗有短柄。取一小穗观察，每一小穗含小花3朵，两侧扁，只有上部小花结实，不孕小花2朵，生于结果小花下方，仅有2个退化外稃，披针形，长约为小穗的

1/4~1/3。颖极退化，仅在小穗柄顶端留成2个半月形痕迹。小花有外稃和内稃，外稃坚硬、有脊，脊上被硬睫毛，有脉5条，外脉靠近内卷的边缘，尖端有芒或无；内稃与外稃同质，有脉3条，外脉接近边缘而为外稃的2外脉所包。浆片2枚，形态与小麦的鳞被相似，机能与小麦的鳞被同，为退化的花被。雄蕊6个，着生于子房之下方，花丝细长，雌蕊由2心皮构成，子房上位，1室，1胚珠，柱头2个羽毛状。果实称颖果，外为外稃和内稃紧包，最外附退化外稃和极退化之颖，俗称"谷粒"。颖果与稃片离生，平薄有条形种脐，果皮与种皮不易分离，种子内有大量粉质胚乳胚小。

观察完毕，请写出花程式：_____。

（3）玉米（*Zea mays*） 取玉米植株观察。花单性。雌雄同株，雄花序为顶生的圆锥花序，雌花序为肉穗花序，生于秆的中间叶腋。雄花序每个分枝成穗状，其上雄小穗成对着生，1个有柄，1个无柄，且都能发育，每个小穗内有2朵花，外包外颖和内颖，每朵雄花有膜质透明的外稃和骨稃各1片，雄蕊3，2个浆片及1个退化的雌蕊；雌花序着生于1个短枝上，被多数鞘状苞片（总苞）所包。将苞叶拨开，用镊子取下小穗。用放大镜观察，雌小穗成对排列，均无柄，常6~8行排列在肥大的穗轴上，形成肉穗花序。每个小穗具有2朵花，一朵是雌花，另一朵是退化花。雌花有内外稃片各一，无鳞被，基部具有1个膨大的子房，子房顶端具细长的花柱。柱头2裂，退化花贴生于雌花一侧。仅有外稃和内稃。

观察完毕，请写出花程式：_____。

（4）纤毛鹅观草（*Roegneria ciliaris*） 取纤毛鹅观草具花序植株，与水稻、小麦比较观察，注意花序类型、小穗组成及小花数目、花的特点等。

观察完毕，请写出花程式：_____。

（六）姜科（Zingiberaceae）

（1）姜（*Zingiber officinale*） 为多年生草本。根状茎肉质肥厚，有短指状分枝，具芳香及辛辣味。根状茎叶片披针形至条状披针形，叶舌膜质。穗状花序卵形，苞片淡绿色，顶端有小尖头；花萼淡绿色，花冠黄绿色，裂片披针形，唇瓣中央裂片矩圆状倒卵形，短于花冠裂片，有紫色条纹及淡黄色斑点，侧裂片卵形。仔细观察花的情况，是否两侧对称，两性花，萼处、花瓣是否为3，雄蕊是否6枚，雌蕊是否由3心皮组成，子房是否下位，心皮和子房室数目以及果实类型。

观察完毕，请写出花程式：_____。

（2）郁金（*Curcuma aromatica*） 为多年生草本。根状茎肥大，黄色，芳香，根端膨大呈纺锤状。叶片短圆形，顶端具细尾尖，上面无毛，下面被短柔毛；叶柄约与叶片等长。花葶由根状茎抽出，与叶同时发出或先叶而出，穗状花序圆柱形，苞片淡绿色，上部无花的较狭，白而带红色，顶端常具小尖头，被毛，花萼被疏柔毛，顶端3浅裂；花冠管漏斗形，里面被毛，裂片白色而带粉红；侧生退化雄蕊与花冠裂片相似；唇瓣黄色，倒卵形，具不明显的3裂片。注意与姜比较，有何不同？

观察完毕，请写出花程式：＿＿＿＿＿＿＿＿＿＿＿＿＿＿＿＿＿＿＿＿＿＿＿＿＿。

（3）姜黄（*Curcuma domestica*）　为多年生草本。根状茎深黄色，极香，根粗壮，末端膨大。叶片矩圆形或椭圆形，两面均无毛。花葶由叶鞘内抽出；穗状花序圆柱状，苞片卵形，绿白色，上部无花的较狭，顶端红色；花萼长8~9 mm；花冠管比花萼长2倍多；侧生退化雄蕊与花丝基部相连；唇瓣倒卵形，白色，中部黄色；子房被微柔毛。

观察完毕，请写出花程式：＿＿＿＿＿＿＿＿＿＿＿＿＿＿＿＿＿＿＿＿＿＿＿＿＿。

（4）莪术（*Curcuma zedoaria*）　为多年生草本。根状茎肉质，稍有香味，淡黄色或白色；根细长或末端膨大。叶片椭圆状矩圆形，中部有紫斑，无毛；叶柄长于叶片。花葶由根茎发出，常先叶而生；穗状花序阔椭圆形，苞片卵形至倒卵形，下部的绿色，顶端红色，上部的紫色；花萼白色，花冠管长2~2.5 cm，裂片短圆形，黄色；侧生退化雄蕊比唇瓣小；唇瓣黄色，近倒卵形，顶端微缺；药隔基部具叉开的距。

观察完毕，请写出花程式：＿＿＿＿＿＿＿＿＿＿＿＿＿＿＿＿＿＿＿＿＿＿＿＿＿。

（七）百合科（Liliaceae）

（1）百合（*Lilium brownni* var. *colchesteris*）　取百合植株观察。多年生草本，具鳞茎球形，鳞茎瓣广展，无节，白色，叶为单叶，散生。上部叶常比中部叶小，倒披针形，花1~4朵，喇叭形，有香味。花两性，辐射对称；花被花瓣状，排列为两轮，通常6片，雄蕊6枚，与花被片对生。雌蕊3心皮构成，子房3室，子房上位，中轴胎座。

观察完毕，请写出花程式：＿＿＿＿＿＿＿＿＿＿＿＿＿＿＿＿＿＿＿＿＿＿＿＿＿。

（2）葱（*Allium fistulosum*）　取葱的新鲜花和图片观察。其鳞茎单生，圆柱状。叶圆筒状，中空，向顶端渐狭。花葶圆柱状，中空，伞形花序球状，总苞白色2裂，膜质；小花花梗细。基部无小苞片；花白色；花被钟状，白色，花被片6枚，近卵形，2轮排列；雄蕊6枚，排成2轮，花丝等长，锥形，在基部合生并与花被片贴生；子房上位，倒卵形，3室，每室2胚珠。蒴果小，室背开裂；种子黑色。

观察完毕，请写出花程式：＿＿＿＿＿＿＿＿＿＿＿＿＿＿＿＿＿＿＿＿＿＿＿＿＿。

（3）洋葱（*Allium cepa*）　取洋葱鳞茎及花序观察。草本，鳞茎球形，长球形或扁球形，粗大，鳞茎外皮红褐色至黄白色，纸质或薄革质。花葶粗壮，中空，圆筒形。伞形花序顶生，球形，具多数密集的花，常有2~3裂膜质总苞。花被6片，绿白色，排成2轮；雄蕊6，花丝基部合生，并与花被片贴生，子房上位，球形，横切子房观察子房室数，每室有多少胚珠，属于什么胎座？

观察完毕，请写出花程式：_____。

(4) 山丹 (*Lilium pumilum*) 取山丹带花标本观察。无皮鳞茎卵形或圆锥形，白色；茎直立，叶线形；花1~3朵顶生或数朵排成总状花序，花鲜红色或紫红色，下垂。取1朵花观察，花被片6，反卷，花被片基部具蜜腺；雄蕊6，花药黄色，丁字形着生，具红色花粉粒；子房上位，圆柱形，3心皮组成3室，每室有多数胚珠，柱头膨大，3裂。蒴果近球形。

观察完毕，请写出花程式：_____。

(5) 黄花菜 (*Hemerocallis citrina*) 取黄花菜（金针菜）植株及花标本观察。注意花被片数目、排列方式、雄蕊数目、子房位置、心皮及子房室数目、胎座类型等。

(八) 鸢尾科 (Iridaceae)

(1) 鸢尾 (*Iris tectorum*) 取具花、果的鸢尾植株观察，为草本。根状茎短而粗壮。叶剑形，基部套叠，2列。花大而美丽，形成单歧聚伞花序；两性花，花被片6，2轮排列，下部合成1管，外轮花被片中部有1行鸡冠状突起及须毛；雄蕊3；子房下位，3室，胚珠多数。蒴果。

观察完毕，请写出花程式：_____。

(2) 唐菖蒲 (*Gladiolus gandavensis*) 观察唐菖蒲开花植株。注意地下球茎形态、花序类型及花的结构组成，并与鸢尾比较。为多年生草本。鳞茎扁圆形，肥大，有膜质鳞茎皮。基生叶剑形，2列，灰绿色。花葶直立，通常单生，多少有叶；穗状花序顶生，苞片卵状披针形，革质，花红黄色、白色或淡红色，单生于每一苞内，花被筒漏斗状，多向外稍弯曲，上部6裂，裂片倒卵圆形，内轮3片较大，顶端钝或短尖，有各种线条斑，其中一片平伸或稍为帽状，雄蕊3，着生于花被筒喉部之下，子房3室，有胚珠多颗；花柱细长，顶端有3分枝。蒴果矩圆形至倒卵形，室裂，短于佛焰苞。

观察完毕，请写出花程式：_____。

(3) 玉蝉花 (*Iris kaempferi*) 取具花、果的花菖蒲植株观察。注意与唐菖蒲比较，玉蝉花为多年生草本。根状茎短粗，须根多数，细条形，黄白色，植株基部有棕褐色、纤维状枯死叶鞘。基生叶条形，平行脉多数，中脉明显突起。花葶直立，坚挺，有退化叶1~3片；苞片纸质，卵状披针形；花鲜红紫色，外轮3花被裂片宽卵状椭圆形，开展或外折，顶端钝，中部有黄斑和紫纹，内轮3花被裂片较小，长椭圆形，靠合直立；雄蕊3；花柱分枝3，紫色，花瓣状，顶端2裂。蒴果矩圆形；种子褐色。

观察完毕，请写出花程式：＿＿＿＿＿＿＿＿＿＿＿＿＿＿＿＿＿＿＿＿。

（九）兰科（Orchidaceae）

（1）白及（*Bletilla striata*）　取白及标本观察。具假鳞茎，扁球形，上面具荸荠似的环带，富黏性。茎粗壮，劲直。叶4~5枚，狭矩圆形或披针形。花序具3~8朵花。取1朵花观察，花大，紫色或淡红色，萼片和花瓣相似，狭椭圆形，唇瓣3裂，中裂片宽椭圆形，先端钝，边缘波皱状，侧裂片耳状，向两侧伸展，内抱合蕊柱，合蕊柱两侧具翅，稍弓形；花粉黏合成花粉块；柱头分成上唇和下唇，上唇不授粉，下唇2裂，能授粉，子房下位，3心皮合成1室，内含多数胚珠，种子微小。蒴果。

观察完毕，请写出花程式：＿＿＿＿＿＿＿＿＿＿＿＿＿＿＿＿＿＿＿＿。

（2）春兰（*Cymbidium goeringii*）　观察春兰带花植株。假鳞茎集生成丛。叶4~6枚丛生，狭带形，顶端渐尖，边缘具钝锯齿。花葶直立，远比叶短，被4~5枚长鞘；花苞片长而宽，比子房连花梗长；春季开花；花单生，少为2朵，浅黄绿色，有清香气。萼片近相等，狭矩圆形，顶端急尖，中脉基部具紫褐色条纹，花瓣卵状披针形，比萼片略短，唇瓣不明显3裂，比花瓣短，浅黄色带紫褐色斑点，顶端反卷，唇盘中央从基部至中部具2条褶片。取花观察，注意观察雄蕊、心皮和子房室数目，以及果实类型。

观察完毕，请写出花程式：＿＿＿＿＿＿＿＿＿＿＿＿＿＿＿＿＿＿＿＿。

（3）建兰（*Cymbidium ensifolium*）　取建兰具花植株进行观察。叶2~6枚丛生，带形，较柔软，弯曲而下垂，薄革质，略有光泽，顶端渐尖，边缘有不甚明显的钝齿。注意与春兰比较有何差异？

观察完毕，请写出花程式：＿＿＿＿＿＿＿＿＿＿＿＿＿＿＿＿＿＿＿＿。

（4）墨兰（*Cymbidium sinense*）　取具花、果的墨兰植株进行观察。墨兰具假鳞茎粗壮。叶丛生，近革质，直立而上部向外弯折，剑形，顶端渐尖；基部有关节，深绿色而有光泽，全缘。花葶直立，通常高出叶外，具数朵至20余朵花；花苞片披针形，比子房连花梗短，紫褐色；花色多变，有香气；萼片狭披针形，有5条脉纹；花瓣较短而宽，向前稍合抱，覆于蕊柱之上，有脉纹7条，唇瓣不明显3裂，浅黄色带紫斑，侧裂片直立，中裂片反卷，唇盘上面具2条黄色褶片。

观察完毕，请写出花程式：＿＿＿＿＿＿＿＿＿＿＿＿＿＿＿＿＿＿＿＿。

四、实验报告（作业）

绘水稻或小麦1朵两性花的解剖图，并注明各部分构造名称。

写出百合、兰花等植物花的花图式。

列表比较禾本科与莎草科植物的特征。

五、思考题

比较单子叶植物和双子叶植物的异同。

禾本科与莎草科有何区别，各有哪些重要经济植物？

试说明禾本科的基本特征，怎样区别禾亚科和竹亚科植物？

简述禾本科、莎草科、百合科、鸢尾科、兰科植物的主要特征。

为什么说兰科植物是被子植物中最进化的类群。

第三章　植物学实习

第一节　植物检索表的编制和使用方法

一、实验目的和要求

了解植物检索表的类型和用途。
初步掌握植物检索表的编制方法和使用检索表鉴定植物的基本方法。
利用检索表，鉴定植物属何科、何属、何种。

二、实验材料和用具

【实验用具】
扩大镜、镊子、解剖针（可用缝衣针、昆虫针自制）、刀片。
【工具书】
《高等植物图鉴》《中国植物志》等工具书。
【实验材料】
完整的植物标本要有枝、叶、花、果，草本植物还要有根。

三、实验内容与方法

（一）检索表的作用和种类
1. 检索表的作用
植物检索表是鉴定植物种类的重要工具资料之一，通过查阅检索表可以帮助初步确定某一植物的科、属、种名。
2. 植物检索表的种类
常用的检索表有定距式、平行式和表达式3种，例如樱属的桃、李、杏、梅4种植物的检索表。
（1）定距式
1. 有顶芽，腋芽常2~3个并生 ………………………………………… 桃

1. 无顶芽，腋芽单生
2. 叶倒卵形或倒披针形，花白色，常3朵簇生，果无毛，有白粉 ········ 李
2. 叶卵形或阔卵形，花粉红或白色，单生或二朵并生，果有毛，无白粉
3. 小枝红褐色，叶尖短渐尖，果核平滑 ··································· 杏
3. 小枝绿色，叶尖长尾尖，果核有凹斑 ··································· 梅
（2）平行式
1. 有顶芽，腋芽常2~3个并生 ··· 桃
1. 无顶芽，腋芽单生 ·· 2
2. 叶倒卵形或倒披针形、花白色，常2朵簇生，果无毛，有白粉 ······ 李
2. 叶卵形或阔卵形，花粉红或白色，单生或二朵并生，果有毛，无白粉 ··· 3
3. 小枝红褐色，叶尖短渐尖，果核平滑 ··································· 杏
3. 小枝绿色，叶尖长尾尖，果核有凹斑 ··································· 梅
（3）表达式
1（2）有顶芽，腋芽常2~3个并生 ·· 桃
2（1）无顶芽，腋芽单生
3（4）叶倒卵形或倒披针形，花白色，常3朵簇生、果无毛，有白粉 ······
··· 李
4（3）叶卵形或阔卵形，花粉红色或白色，单生或二朵并生，果有毛，无白粉 ··· 3
5（6）小枝红褐色，叶尖短渐尖，果核平滑 ····························· 杏
6（5）小枝绿色，叶尖长尾尖，果核有凹斑 ····························· 梅

（二）检索表的编制原则和编制方法

植物检索表的编制一般采用二歧归类的原则。二歧分类法又名拉马克式二歧分类法，是指将特征不同的一群植物，用一分为二的方法，逐步对比排列。进行分类，可将自然界植物列成分类检索表。检索表的编制是根据法国人拉马克（Lamardk）的二歧分类原则，把原来的一群植物选用明显而相关的形态特征分成相对应的两个分支，再把每个分支中的分类群再用相对的性状分成相对应的两个分支，依次下去，直到将所有分类群分开为止。

（三）检索表的使用方法

检索表是根据拉马克二歧分类法原则编制的，将差异显著的性状列入成对的数字之下，愈向下数字愈大，区别特征也愈细致，使用检索表时，按照检索表上所标明的数字及描述的特征对照所查植物逐级向下查，数字相同的为同一级，在同级中对照所查植物的特征是符合前者还是后者，若为符合前者，则从

前者数字之下逐级向下查对,如符合后者,则从后者数字之下逐级向下查对,直至查出该植物所属的分类各级单位的名称为止,并查阅图鉴或其他工具书,进行核对。

(四) 检索表使用注意事项

待鉴定植物要尽可能完整,不仅要有茎、叶部分,最好还有花和果实,特别是花的特征对准确鉴定尤其重要。

在鉴定时,要根据看到的特征,从头按次序逐项检索,不允许跳过某一项而去查另一项,并且在确定待查标本属于某个特征两个对应状态中的哪一类时,最好把两个对应状态的描述都看一看,然后再根据待查标本的特点,确定属于哪一类,以免发生错误。

四、实验报告 (作业)

根据常见裸子植物分科检索表给校园裸子植物分科。
编制常见的几种被子植物的分科检索表。

五、思考题

如何编制植物分类检索表?

第二节 植物标本的采集与制作

一、实验目的和要求

掌握野外识别常见种子植物的方法。
掌握植物标本的采集制作和保存方法。

二、实验材料和工具

标本夹、吸水纸、采集袋、剪刀、采集标签、野外记录签、放大镜、相机等。

三、实验内容与方法

(一) 蜡叶标本采集制作法

1. 采集

(1) 根据目的选择正常或病虫害的植株作采集对象。

（2）正常植物要选择具花、果、叶的枝条，从适当长度（约40~45 cm）剪下，注意枝梢必须保留，如为草本植物，要连根挖出（除去土壤），同种标本可采数份，供临时鉴定及压制保存。

（3）每份标本挂1个号牌，号牌用较厚的纸片做，长约3 cm，宽2 cm，在1端系1根短线，号牌的1面写采集号数，采集人姓名，另1面写采集时间和地点，同种标本用同一采集号。

（4）当场做好采集记录，例如树木高度、胸高直径、树皮颜色和开裂形式，以及叶、花、果的颜色、气味等，在腊叶标本上不能显示的特征，必须随时记下，因为这些特征在腊叶标本上是看不到的。

2. 压制

采回的标本，除少量供临时检索观察外，若需保存的，应立即进行压制，如停放过久，水分失去，叶、花卷缩，将无法保持原形，降低甚至丧失保存价值。

先将1块标本夹平放，铺上5~6层草纸。

将标本置纸上，进行整形，过多的枝、叶、花果适当的疏去一部分，因彼此重叠太厚，不易压平而生霉。草本植物应连根压入，如植株过长，可折曲线"V"形或"N"形。每份标本的叶片除大多数正面向上外，应有少数叶片使其背面向上，以显示背面的特征。

每份标本盖上2~3层纸，再放另1份标本（草纸厚薄可根据标本含的水分多少而增减），当所有标本压完后，最上1份标本，需盖上5~6层纸，再放上另一块标本夹。

用麻绳将标本夹的横木捆紧，并注意四面平展，否则标本压得不整齐，且会损坏标本夹。

将压有标本的标本夹放在日光下暴晒，若遇阴天即放在通风处。

标本压制后4~5 d每天以干燥草纸替换吸潮的湿纸，尤其2~3天内，决不可疏忽，如不及时换纸，会使标本霉烂，落叶、落花，以致标本全部损坏。到4~5 d后，可隔2~3 d换1次，直至完全干燥为止。

在开始1~2次换纸时，要注意结合整形，将卷曲的叶片、花瓣展开铺平。

每次换下的草纸要及时晒干，以便再用，如遇天雨，用木柴或木炭将草纸烘干再换。

某些植物（易落叶或含水太多不易干的）需在压制前用沸水浸烫杀死，待水晾干后再压。根、地下茎或果实较大不便压入标本夹时，可挂上号牌，另行晒干或晾干，妥为保存。

3. 装订

压好的标本，为了长期保存和便于利用，应装订到台纸上。台纸一般用硬磅纸（白板纸）或其他较硬的纸，纸面最好是白色，台纸的大小，一般为长 34 cm、宽 30 cm。装订时按以下步骤进行：

取 1 张台纸平放在桌上，然后将选好的标本放在台纸上的适当位置，并在右下角贴上定名标签，装订前标本还需进行最后一次整形，将太长或过多的枝、叶、花、果疏去。

用针线将标本订在台纸上，先订大枝条，再订小枝和叶柄，较大叶片在背面涂适量胶水贴紧。

压制中脱落而应保留的叶、花、果，可按自然着生情况装订或用透明纸袋贴于台纸的一角。

单独干制的地下部分或过大的果实，也应装订在台纸上。

填写定名标签（为慎重起见，可用铅笔写，以便修改）。

按标本号复写一份采集记录，贴于台纸的左上角。

（1）号牌式样（图 3-1）

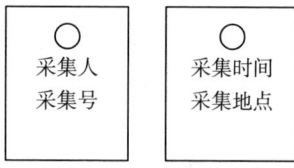

图 3-1 号牌式样

（2）定名标签式样（图 3-2）

标本保存单位名称（ ）
　　植物标本

科　名			
学　名			
中　名			
采集人		采集地	
鉴定人		采集期	
采集号数		标本号数	

图 3-2 定名标签

(3) 采集记录卡式样（图3-3）

```
采集单位名称
采集记录

野外采集号数_____  日期_____
省  名_____县（市）名_____
地  点_____
海拔高度_____米
栖  地_____土  壤_____
高  度_____米、胸高直径_____
树  皮_____
叶_____
花_____
果_____
分  布_____
备注（经济用途等）_____
中  名_____土  名_____
采集人_____
```

图 3-3　采集记录卡

（二）液浸标本制作法

1. 防腐保存法

福尔马林为经济及应用最普遍的防腐剂，但不能保存标本原来色泽。方法：将福尔马林以蒸馏水或冷开水稀释为 5~10% 的水溶液，其浓度高低视标本的含水量而定，含水量高的溶液浓度宜高。将标本洗净整形，投入该液中，如标本浮于液面而不沉，可系以玻璃片或瓷器等重物压入液中。

2. 绿色标本保存法

将绿色标本洗净整形后，投入 5% 硫酸铜水溶液中，经 1~3 d 取出，用清水漂洗数次，再保持于 5% 福尔马林水溶液中。

如欲快速获得小型绿色标本可用下法。

将醋酸铜（或硫酸铜）研成粉末，称取 2 g 加入盛有 10% 醋酸 50 mL 的烧杯中，以酒精灯加热煮沸，并用玻棒不断搅拌，促其溶解，然后将洗净的绿色标本置于烧杯中，继续加热，标本即由绿色变为黄褐色，然后又变为绿色，取出标本，以清水洗净酸液，投入 5% 福尔马林中保存。

绿色标本制作原理：叶绿素易溶解在酒精或福尔马林等保存液中，其本身容易分解破坏，所以浸在保存液内的标本很快褪色。叶绿素分子中有金属镁原子，位于分子的中央，故呈绿色。当叶绿素分子与酸作用时，镁分离出来，颜色变化，产生一种褐黄色的没有镁的叶绿素称为植物黑素。

$C_{32}H_{30}ON_4Mg(COOCH_3、COOC_{20}H_{30}) + 2CH_2COOH \rightarrow C_{32}H_{30}ON(COOCH_3、COOC_{20}H_{30}) + (CH_3COO)_2Mg$ 植物黑素

如果将另一种金属放入植物黑素的分子中，使叶绿素分子中核心结构恢复了有机金属化合状态，就能获得像叶绿素一样的绿色物质，如将铜原子放入：

$C_{32}H_{32}ON_4(COOCH_3、COOC_{20}H_{30}) + 2CH_3COOH \rightarrow C_{32}H_{30}ON_4Cu(COOCH_3、COOC_{20}H_{30}) + 2CH_3COOH$ 叶绿素（其中的 Mg 被 Cu 所代替）植物黑素醋酸铜。

根据以上所述原理，可以将植物体浸入醋酸铜的醋酸溶液中，加热煮之，即可保持植物绿色。

3. 黄色或淡绿色标本保存法

（1）适用于桃、杏等果实　浸标本于 0.1%～0.15% 亚硫酸水溶液中，如果实为淡绿色，在每 1 000 mL 浸液中再加入 50 mL 的 5% 硫酸铜溶液。

（2）适用于梨、葡萄和苹果等果实　亚硫酸 100 mL 与 800 mL 水混合，待澄清后加入 95% 酒精 100 mL，即可投入标本。如果实为绿色，可在每 1 000 mL 浸溶中，加 50 mL 的 5% 硫酸铜溶液。

（3）适用于柿、柑橘等果实　亚硫酸 1.5 mL、氯化锌 2 g 与水 100 mL 混合，或亚硫酸 3 mL、甘油 1 mL 与水 100 mL 混合。

4. 红色标本保存法

适用于红色的桃、苹果、番茄、辣椒等果实，先经固定液浸泡，待果皮颜色变为深褐色时取出（一般桃固定 1~3 d）投入保存液中。

固定液：水 400 mL，福尔马林 4 mL、硼酸 3 g。

保存液：0.15%～0.2% 亚硫酸溶液中加硼酸少许。

另法，硼酸 450 g 溶于 2 000 mL 水中，时时搅拌促其溶解，并静置待其澄清，在澄清液中加入 75%～95% 酒精 2 000 mL，福尔马林 300 mL。

[注] 市售工业用亚硫酸，含量 6%。

5. 白色标本保存法适用于白色桃、浅黄色梨和苹果等。

氯化锌 225 g 溶于 6 300 mL 蒸馏水中，搅拌促其溶解，再加入 85% 酒精 900 mL，取其澄清液保存。

(三) 各大类群植物标本采集与制作

1. 藻类植物

（1）栖地　湖沼、池塘、小溪、水田、水洼、土壤、水草、树皮、岩石和墙壁。

（2）采集方法

若为浮游种类，将有色部分置广口瓶中带回室内检查。

若为附着种类,即连同附着物一部分和藻体一并采取置广口瓶中,广口瓶内只装 1/3 容积的标本,以便藻类进行呼吸。

若附着在水草上的种类,可用旧纸板浸湿包裹带回室内处理。

(3) 室内检查

采回室内,打开瓶塞,解开包裹的藻类标本并转入器皿内分装,最好以用原来池塘中的水为宜。

将含有浮游种类的水液放入离心器玻管内,使浮游藻类植物下沉,倾去清水液,保留下部浓集的水液,然后吸取一滴水液,置载玻片上镜检。

若需暂时保存观察研究,可用 30%甘油或乳酚油装片。

长期保存,可用 Lichent 氏固定液固定。

2. 菌类植物

(1) 栖地 多在动植物的尸体、枯木、腐植质、畜粪、树林、衣服、食物、用具上分布。

(2) 采集方法

腐生的种类——伞菌。若生在树枝上,可用枝剪剪下,在枯木上,可用小刀连同基质刮下部分;生在土面上的,用手或小锄连同地下埋藏部分挖起,最要紧的是不破坏子实体的各部分。采得的标本,小的可用纸包好,大的即放在采集箱中或竹兰中(不使挤压)带回室内。菌类的肉质种类用液浸法保存,木质的种类可自然干燥不必液浸,小的标本干后,可编号装入纸袋中。

寄生在活的植物体的菌类,须连同寄主采用,寄主若有花果叶等也需采集,以便鉴定寄主的名称。采回后可压成腊叶标本,若作切片,可将寄主感染的部分取下按液浸法处理制片。

如采黏菌,不可翻动或挤压,采得后放入纸盒内让其自干即可。

(3) 室内检查与培养

有的种类在野外还不能立即鉴定,须带回室内培养好,可以用保温器皿进行培养观察。

伞菌孢子印鉴法:鉴定伞菌的孢子颜色为一重要步骤。先把伞菌菌柄平菌盖处切断,后将菌褶面朝向白纸,在菌盖盖上一个玻璃钟罩,以免空气流动,此处理经 24 h 后,在纸上即可看到很多孢子,然后辨别孢子的颜色,以有助于菌种的鉴定。还可用番红染色以甘油(或乳酚油)暂时装片。

3. 地衣

(1) 栖地 地衣能在生活条件较差而空气新鲜的环境下生长,常分布在岩石、树干、树枝及墙壁上。

(2) 采集方法 壳状地衣,须连附着物一并采回,使其自然干燥。叶状地衣和枝状地衣，可用小刀刮取，若生长于岩石上，可先用水浸湿后再刮取。采回后，经压制成腊叶标本，有子囊盘的标本尽量完整地采回，以便鉴定时作重要依据。所采回的标本制干后用纸编号保存起来。

4. 苔藓植物

（1）栖地　这类植物大多生于阴湿的地方，少数生于水里。通常在潮湿的岩石上、树上、土壤中或在暴露的石头上都可采到。

（2）采集方法　用小刀或手铲掘取苔藓植株，用纸包好，用铅笔记录名称、分布环境、小地名于标签上，放于标本箱内，采集时最好能采到具有生殖器官及孢蒴的植株。

（3）室内除鉴定外，还须压制成腊叶标本（或液浸标本）。

5. 蕨类植物

（1）栖地　大多生在潮湿阴暗的环境，如树林、山沟、溪边，或直射的空旷山野。

（2）采集方法　采挖蕨类植物的叶，特别要注意叶背面的孢子囊群或异形孢子叶（孢子叶穗、孢子果），以便帮助鉴定。蕨地下茎的形态构造，也是帮助鉴定依据，采集时注意采掘一段附在标本上。并作好采集记录。

（3）室内培养　蕨的原叶体较小，在野外采集往往难以找到，可将具孢子叶植株挖回，在室内培养。取一小花钵，内装潮湿的苔藓，倒置于水盆内使清水浸埋花钵一半，然后将蕨类植物的孢子，撒在小花钵底上，再用玻璃钟罩盖好，置光亮处，经过2~3月即会在花钵底长出蕨原叶体及幼小植株来。

6. 常见种子植物

（1）确定采集地点和时间　采集分类标本要事先确定好地点和时间。植物的分布与环境之间有一定的规律性，根据其规律和采集内容确定采集地点。再根据植物的各种物候期（什么时间发芽、长叶、开花、结果）确定采集时间。另外还应考虑当时的天气条件，在海滨采集还要了解潮次情况等。

（2）采集和处理　种子植物分类材料的采集应特别注意所采标本的完整性和典型性，切勿采集发育不正常的、虫咬的、染病的或机械损伤的植株。

草本植物由于形体较小，应具有根、茎、叶，最好带花、果实。采集时根据株体大小，分别用锹或掘根铲将根挖出，然后抖掉根部泥土。若不能采集整株，应尽可能保留花、果实。基生叶和茎生叶不同时，注意采全。草本植物采下后很容易萎蔫。木本植物一般比较高大，不能采集整株标本，应用枝剪或高枝剪剪取比较典型的带有叶、花果的一段枝条做标本。有些种类当年生枝条颜色与老枝不同，或新叶的形状和老叶不同，或新叶有茸毛或叶背带白粉，而老叶则平滑无毛，采集应使一份标本同时具有新枝和老枝。先花植物，采花枝后，出叶时应在同一株上采其带叶和果实的枝条，然后编上同一号码。

木本植物很多种类树皮的颜色、剥裂情况等有分类价值（如桦木），因此，应剥去一块树皮附在标本上。寄生植物如桑寄生、列当，采集时应连同宿主一同采下。

水生植物的采集和前两种不同，因多数水生植物纤细柔软，尤其是沉水植物及浮水植物，提出水面后容易缠成一团，不易分开，像金鱼藻、水毛茛、狸藻等，不能直接压制。应先将采回的标本放入盛水的盆中，使之恢复水中生长状态，然后用一硬纸板或硬纸，伸入水中托起标本，在离水之前整理好标本形态，将纸倾斜，使多余的水分流下，连同纸板压入标本夹内以保持其形态。

标本采集后应立即编号、挂号码牌并做采集记录（最好用碳素墨水笔书写），尤其容易变化的行状如颜色、气味、乳汁等更应记录清楚。

野外采集记录是一项非常重要的工作。一份没有记录的标本是没有科学价值的。因为一份采来的标本，脱离了生活环境，失去了新鲜状态，甚至有的只是整株植物的一部分，如果没有详细记录，很难进行鉴定和研究。无产地，即使鉴定出来也无意义。种子植物分类材料一般制成腊叶标本。花、果实常制成浸制标本。

四、实验报告（作业）

采集常见的植物制作标本。

五、思考题

植物标本采集和制作的注意事项有哪些？